Spiritual Culture
青心文化

在阅读中疗愈·在疗愈中成长

READING & HEALING & GROWING

全新修订本

念力的秘密 2

The Bond
How to Fix Your Falling-Down World

［美］琳内·麦克塔格特（Lynne McTaggart）／著

王原贤 何秉修／译

目录

自序　001
前言　006

第一篇　超个体

第一章
寻找宇宙间最小的粒子　003

第二章
基因决定论错了，环境才是关键　022

第三章
别错估了我们与宇宙的亲密关系　047

第四章
我们共享着一组宇宙神经电路　067

第二篇　趋向整体

第五章
拉起天线，我们都是发射体　087

第六章
沟通，人类最殷切的需求　107

第七章
施比受有福，付出让你更快乐　125

第八章
互惠，人类生存的最佳策略 146

第三篇　找回键结

第九章
敞开心智，全面观照 173

第十章
倾听"键结"的声音 197

第十一章
里仁为美，别把自己关在围墙内 225

第十二章
让爱传出去 249

第四篇　键结练习手册

第十三章
双赢策略，稳固正在崩毁的世界 269

第十四章
如何建立你的键结圈 309

自序

以更宽广的全新角度来看世界

星期六,我站在冷风吹拂的礼堂里,看着女儿为了戏剧班年度公演进行彩排。她是个才华横溢的女演员,试镜时被选为主要角色,但却在排演开始前的几个星期被调换成配角。我一直没能发现调换的理由——而女儿也拒绝谈论——直到她的朋友漏了口风。在新的导演接手后,另一名13岁的女孩谎称表演经验丰富,骗过导演,将应该分配给她最好的朋友(也就是我女儿)的角色给了她。

我和当天的一名观众(那个女孩的母亲)提到这件事,她打断我并耸耸肩。"嗯,这就是人生啊!"她无所谓地回答,"不是吗?"

我大吃一惊,但也不得不承认她的话不无道理。当然,这就是我们大人为自己设计的人生。在大多数现代发达国家中,竞争构成了社会生活的经纬。竞争是经济的发动机,是多数关系——商务往来、邻里交往,甚至包括与最亲密朋友的关系——的基础。就连我们的辞典也开宗明义地讲:情场如战场；优胜劣汰，适者生存；赢家全拿，成王败寇。不难想象高度竞争的手段，会悄悄渗入孩子的社会关系里，导致大大小小的逾矩和越轨行为。

我开始思考自己周遭的社会互动，思考心理学家所谓的"相对性意识"究竟扮演了什么样的角色。你有几个孩子？开什么样的车？今年出去度几次假？孩子上哪一所大学？成绩如何？换言之，你处在社会金字塔的哪个位置？

即使我们之中最优秀的人，内心有时也会像电影《美国精神病人》里的华尔街交易员帕特里克·巴特曼一样，在看到同事精美的新名片时忍不住惊呼："天啊！竟然还有水印。"

然而，认为竞争是人类天生的基本冲动的观念，对我来说并不具有科学上的意义。我一直撰文著书介绍尖端科学，许多学科的最新发现——从神经科学、生物学到量子物理学——都表明自然界最基本的驱动力并非如古典进化论所坚持的那样是竞争，也不是个人主体意识，而是互惠利他的整体意识。我见过的大量新研究都证明，包括人类在内的所有生物，天生都有不可抑制的、寻求与他者建立连结的冲动，甚至不惜付出个体的代价。

然而，传统科学告诉我们，宇宙是个资源有限的地方，居住其中的独立个体为了生存必须彼此反目、争夺资源。而以前的我们，全都信以为真，以为生命就是这样。

这或许是我们对生命固有的看法，但问问窝在我身旁的狗狗奥利，它肯定不这么想。奥利可不曾有过狗咬狗的丑事，它没有花太多时间在人类身上，对散步时遇到的每只狗都一派和善。它经常会在篱笆底下塞根骨头给隔壁的艾芬笃宾犬丁骨，事实上，它还留下最大的那根骨头给丁骨。奥利和丁骨的关系违反了目前所有生物学对自私行为之必然性的描述：因为丁骨已经绝育，讨好丁骨并不会带来任何遗传优势，也没有传宗接代的可能性。然而当丁骨来访时，奥利会突袭我们的大垃圾桶，翻出鸡骨头让它享用，然后任它畅行无阻地靠近自己的饲料盆、猪耳朵和玩具。丁骨体型较小，奥利和它玩时总会让着它，只为了让它有兴致继续玩下去。

我开始问自己一个很基本的问题：生命非得弄得你死我活吗？我们注定要和别人竞争吗？这真是动物和人类与生俱来的本能吗？它是如何变成这样的？如果我们不这样，又将如何？

从那次彩排后，我就一直在想：在某些方面，我们撕毁了社会契约，同时又忘了如何合成一体。在某个环节上，我们忘了该怎么做。

生命不必然如此。当我开始撰写本书，并努力研究生物学、物理学、动物学、心理学、植物学、人类学、天文学、时间生物学以及文化史等学科的新发现时，我心里越来越清楚，我们选择的生活并不是我们真正的冀望。我发现其他文化的生活方式和我们大不相同，他们拥有的世界观更贴近新科学的发现。这些文化想象的宇宙是一个不可分割的整体，而这个核心理念孕育出了截然不同的看待世界以及与世界互动的方式。他们相信自己与所有的生命息息相关，甚至包括地球本身。我们看见的是事物，看见的是事物之间的胶结——将他们结合在一起的那个东西。这些文化的根本不是个体，而是个体之间的关系，在他们眼中这就是自在之物。

他们了解人性的本质是交融，并因此活得更幸福，有着较低的离婚率、较少的问题儿童、较低的犯罪和暴力发生率，以及更强大的社群。

他们选择了更好的生活方式，一种更真实的方式——我相信这是你我都想要的生活方式。他们之所以能这么做，是因为采用了另一种叙事方式——另一种关于"我们是谁"及"我们为何在此"的世界观，而不是我们的文化，特别是当代科学所信奉的那种世界观。

我写这本书是要证明，我们是在依据一套过时的规则运作。我想告诉大家的是，关于"我们是谁"，答案已经彻底改写，为了生存和延续，我们也要随之改变。今天，竞争的冲动是我们自我定义的重要组成部分，它形成了我们生命的暗流，也正是它导致了一个个巨大的全球危机，威胁着我们的未来。在我看来，如果我们能修复整体性的关系，就能开始疗愈我们的世界。

我希望通过阅读这本书，能让你更敦亲睦邻，能让你修复一些人际关系，因为不断的较量和巧取豪夺，本来就不是我们人生游戏规则的全部。

我还要强调的是，本书不是在阐释某种新的经济或政治模式。此外，书中的观点也无意轻慢科学专业或牛顿、达尔文等伟大科学天才的发现。我绝对不是个创世论者。然而所谓科学，就是一个永不停止的发现过程，没有一位科学家能够写出真正的最后结局。永远都有新发现,永远都有旧篇章需要修改。而目前,我们正处于认识自我及认识世界的一次大修正之中,随着有关世界本质的信息越来越多地出现,许多一直被视为神圣不可侵犯的理论(包括早期进化论),也在逐渐被改善。

除此之外,我更希望你能以全新方式、从更宽广的角度来看世界,用新方式与其他人建立连结,接受新的社群意识。我希望本书能给你一个全新而可靠的目标——比羡慕邻居带水印的名片更好的东西。我将向你证明,生活在整体之中有多么容易,一个小小的改变就能彻底变革你以及你周围每个人的生活。生命不必然如此,就从今天起。

琳内·麦克塔格特
2010 年 12 月

前言

我是谁，我又怎样定义我自己？
——因为键结，你我都不是情感的孤岛

我们觉得已经走到了某些事情的尽头。千禧年以来，各种评论者试图弄清楚，当代不断困扰着我们的危机究竟有何集体性意义：金融危机、恐怖主义危机、主权债务危机、气候变化危机、能源危机、粮食危机、生态危机，既有人为灾害也有其他原因。

2008年9月，当雷曼兄弟倒闭而摩根士丹利恐将步其后尘时，一位华尔街经纪人对记者说："我们所知道的世界正在倒塌。"电影《华氏911》的导演迈克尔·摩尔在美国汽车业巨头福特公司和通用汽车申请破产保护时断言，这是"我们所知的资本主义的末日"。美国总统奥巴马在谈及墨西哥湾"深水地平线"油井设备爆炸事故时表示，这是我们对化石燃料依赖的终结。比尔·麦吉本在同名书《大自然的末日》中写道，这是"大自然的末日"。记者保罗·罗伯茨在他的同名书《石油的末日》中也写道，这是"石油的末日"。罗伯茨在后续的书中继续断言，因为石油末日已到来，粮食的末日也不远了。对相信玛雅长计数历法和2012天启意义的人来说,这就是世界末日的开始。

一个人类的关卡,要如何度过?

然而,我们在许多方面所面对的危机,却是更深层问题的征候,其潜在的影响远比单一灾难事件更大:我们对自我的定义,与我们的真实本质之间存在着巨大差异。数百年来,我们违背天性,忽视必要的联系,并将自己与世界一分为二。我们已走到了紧要关头,不能再按照这种错误的自我认知生活下去。

以往关于"我们是什么"以及"我们应该如何生活"的种种说法,都即将被终结,而在这个结束的谎言之下,有一条通往美好未来的道路。

在本书中,我的使命是需要勇气的冒险:彻底改变我们的生活方式。本书将一一改写你曾听过、学过的科学对"你是谁"的描述,现有的说法都将我们化约成平凡无奇的最小公分母。此刻,你的生活违背了你真实的本性。我希望帮你重拾与生俱来的权利,它受到的破坏不仅来自现代社会,更根本的是来自现代科学。我希望唤醒你,认识自己究竟是谁,回归真实的自我。

在现有的关于自我的描述中,主角是一位与一切对抗的英雄。我们理所当然地认为生命旅程就是一场接一场的斗争。因此,我们时时警戒,准备和挡在路上的各种巨兽搏斗——在家中、在职场、在亲朋好友之中。不管生活过得有多幸福快乐,绝大多数的人还是时刻准备着要与世界对抗,每一次相遇仿佛都是一场战斗:想夺取我们工作及晋升机会的同事、拉高分数曲线导致我们评级降低的同学、占着我们地铁座位的乘客、收费过高的店家、开奔驰而让我们的沃尔沃相形见绌的邻居，甚至是固执己见不退让的另一半。

对抗世界的想法，源自于我们对自我的基本认识：所谓的"我"是独立存在的本体，是遗传密码的独特作品，与外界所有事物不相干地活着。

理性科学造就出孤独冷漠的人

长久以来，最为人所接受的对人类境况的描述，即我们存在状态的真相，就是我们的孤独，是我们与外在世界相分离的感觉。我们理所当然地认为，每一个人都是独立且分离的个体，表演着各自的剧本，其他原子、细胞、生物、大陆、行星，甚至我们所呼吸的空气，都与我们截然不同且完全分离。

虽然我们的生命始于两个个体的结合，但是科学家告诉我们，从那之后我们就完全要靠自己了。世界是无可辩驳的"他者"，无论我们存在与否，它都将继续无动于衷地运转。所以我们一直相信，我们的心始终是在孤独而痛苦地跳动着。

这种竞争至上的个人主义范式，将生命比喻成一页英雄奋斗史，成功克敌以争取一个极为有限的资源。资源如此不足，别人或许比我们更能适应，因此我们必须不择手段地占得先机。

众多势力——政治、经济、科学和哲学——谱写了可供我们依止的故事。然而，我们对宇宙和"什么是人"的理解，却源自三次革命：启蒙运动时代的科学革命，以及18世纪和19世纪的两次工业革命，它们改变了西方的文化和社会经济状况，使之发展成为今天的发达资本主义世界。这三场革命使我们对宇宙的想象发生了巨变——宇宙从和谐、善良且互联的整体，变成彼此为了生存竞争而存在的无关事物的集合——从而推动了现代个人主体意识的形成。

科学革命让人类踏上了看不见尽头的原子化之路，因为科学家相信，通过研究组成宇宙的个体就能了解整个宇宙。

现代物理学之父艾萨克·牛顿，在1678年出版的《自然哲学的数学原理》一书中描述，宇宙中所有物质会在三维的时间和几何空间里根据特定规则运动。牛顿的运动定律及万有引力定律，认为宇宙本质上与机器无异，是一个巨大的发条装置，其独立的零件遵循着可预期的运行规则。从行星的运行到地球上每个物体的运动，牛顿定律证明了所有物体的运动轨迹几乎都可简化为数学方程式，这时，世界被人类理解为可靠的机械。牛顿定律还证明了每个物体都独立存在于其他事物之外，自身完整，拥有不变的边界。"我"的存在以皮肤上的毛发为界限，而毛发末端才是宇宙其他部分的开始。

根据法国哲学家笛卡尔的二元论，人类本质上是与宇宙分离的，主体与客体、心与物、心与身都独立存在，自我意识之外的肉体不过只是一部运转良好、极为可靠的机器而已。

"世界是一部机器"的牛顿理论范式，因为蒸汽机的到来而进一步得到强化。蒸汽机和机械工具的发展不仅改变了粮食生产、燃料、制暖、手工业和交通运输，还深刻地影响了全人类，将人与自然隔绝开来。在各个方面，生活被划分成有规则的次序。劳动完全根据流水线展开，工人成为生产巨轮上的另一个小齿轮。时间精确细分到每一分钟，而不再参照播种或收割的季节变化。在工厂中工作的绝大多数人不再遵循自然规律,而是随着机械的节奏调整生活步调。

人类拥有自私的基因?

19世纪的第二次工业革命,带来了钢铁和石油制造业等现代科技,推动了中产阶级的崛起,为现代资本主义的发展、个人主义及个人利益的提升做好了准备。苏格兰哲学家、经济学家亚当·斯密于1776年出版的《国富论》,被公认为是经济学奠基理论之一,他认为自然的供需及个人私利的竞争创造出了市场"看不见的手",它会自然而然地让社会整体达到最佳效益。亚当·斯密著名的信念是,我们以自己的自私天性为第一优先,对他人而言是最好的:"借由追求自己的利益,(个人)往往能比真正出于本意的情况下更有效地促进全社会的发展。"

在目前的世界观中,最深入人心的科学发现,无疑是查尔斯·达尔文的"自然选择"(天择)学说。在构思《物种起源》时,牧师托马斯·罗伯特·马尔萨斯对人口膨胀与自然资源稀缺的忧虑,深深影响并启发了年轻的达尔文。达尔文的结论是,既然资源不够分配,生命必须通过他所谓的"生存竞争"来进化。达尔文在《物种起源》中写道:"当一个物种繁殖的个体数量超过其可能维持的总量时,就必然会产生生存竞争,不是与同物种的其他个体,或不同物种的其他个体,就是与生活的物理条件进行斗争。"

达尔文煞费苦心地解释他的口头禅"生存竞争"并非只有字面上的意义,而是具有相当高的适用性,可涵盖所有事物，从在树根下寻找水源到动物间的互相依赖都包括在内。事实上，"适者生存"一词是英国哲学家赫伯特·斯宾塞在读过《物种起源》之后所创，在他的劝说下达尔文接受了这个说法，并最终加上了这样的副标题：物竞天择，适者生存。

马尔萨斯给了达尔文启发，用以诠释繁衍的自然驱动力背后的机制，且无意间让达尔文解开封印，把人类的经验套用于全世界：生命即战争，个体或族群的兴盛必然以另一个的牺牲为代价。尽管达尔文当初是以开放的态度使用此说法，但这个隐喻几乎马上就有了更狭义的阐释，成了当时各种新兴的社会、经济活动的科学框架。即使在他生前，对达尔文研究的后续诠释也大都着重在资源竞争上面。

英国生物学家赫胥黎因为热忱拥护《物种起源》，而被称为"达尔文的斗牛犬"，他是达尔文最得力的代言人，将弱肉强食的观点引申到对文化、观念，甚至人类思维进化的解释上。赫胥黎相信，人类的天性会将自身利益置于一切事物之上。

由于通讯及印刷术的进步，更宽泛的对达尔文理论的阐释很快就席卷全球。"适者生存"与亚当·斯密所倡导的"市场的文明竞争"一拍即合，而在西方资本主义之外，物竞天择的学说也被用来为欧洲世系"白化"拉美本土文化提供了合理性。俄裔作家安·兰德则以小说当成变相的论战，称许人人大口呼吸、争夺有限氧气的行为。

生命是一场竞赛的隐喻，被用来为现代工业社会的方方面面提供理论上的合理性，它视竞争为完美的社会筛选机制，将经济、政治、社会上的弱者与强者区分开来。赢家有权全拿，因为人类整体上将会因此获利。

要生存下去，我们迫切需要新的故事

最后一个影响当代对于"自我"的科学性定义的要素，出现在1953年。分子生物学家詹姆斯·沃森和查尔斯·克里克宣布，他们揭开了细胞核中的遗传编码脱氧核糖核酸的神秘面纱，从而破解了"生命的奥秘"。此后，许多科学家相信，在盘绕的双螺旋里存放着每个个体一生的蓝图。我们身上的每个细胞都配备着整套基因，活出早已预先设定的未来，而我们就像是被自身基因劫持的人质一样无能为力，只能看着戏码上演。正如其他事物一样，从某种意义上说，人类也被原子化了，也可以简化成一道数学方程式。

今天的达尔文诠释者被称为"新达尔文主义者"，他们将竞争与斗争融会到生物学的最新理论之中，认为我们自身的每一部分都是为了存续而自私地运作，我们的基因，甚至思想都在与其他基因库和思想争夺掌控权及永续生存权。的确，有些科学家甚至赋予基因在各方面掌控生命的能力，认为身体只是一场更大型的进化工程的意外副产品。

现代进化理论已将残存的道德感和善心从自然界中剔除了：自然界不存在合作或伙伴关系，只有胜者为王。对深谋远虑、和谐平衡的大整体的想象，已被盲目的进化力量所取代，人类不再是有清醒认知能力的角色。

许多心理学家认为，竞争性是我们的天性，是与求生本能一样与生俱来的生物冲动。一旦不再需要为食物、水源、居所和伴侣而争斗时，理论上，我们就会开始为更短暂的奖赏而竞争：权力、地位及名声。

三百多年来，这就是我们的世界观，讲述的是在冷漠宇宙的孤独行星上，一个个孤独的生物为了生存而竞争。现代科学所定义的生命，本质上就是弱肉强食、自私且孤单。

机械的宇宙观和"腥牙血爪"的自我意识等隐喻，影响了我们的日常意识。我们今天的生活全都建立在"竞争是生存的根本特征"这一前提之上。生命是个体的孤独奋斗，人人为己的竞争是工作与生活的内在属性——现代生活中的每件事，都来自这样的人生阐释。自由市场经济体制内的竞争是追求卓越和繁荣不可缺少的手段，我们依此观念建构了西方的经济模型。在人际关系上，我们将追求个人快乐和表现自我视为至上的天赋人权。我们教育年轻人与同侪竞争，想方设法凌驾于他人之上。家家户户都有两辆汽车的高级住宅区，永远不缺的是炫富及胜人一筹的心态。一如伍迪·艾伦所说，世界就是个"大自助餐厅"。

当代个人主义至上、赢家全拿的时代精神，导致了我们社会目前所面临的种种危机，尤其是金融行业的膨胀，不计任何代价，追求更高的年收益增长。能源企业安然公司的前总裁杰弗里·斯基林在因重大商业欺诈罪而身陷囹圄之前，曾不可一世地说他最喜欢的书是新达尔文主义者理查德·道金斯的《自私的基因》，他会定期开除绩效最差的10%的员工，以便提升员工整体的"适应能力"。

当今社会各处充斥着欺诈，全都是因为这种想法而起：

近半数的大学生曾在考试中作弊；为公共利益设立的部门贪污舞弊；医学文献上近3/4的研究报告是由药厂雇请公关公司代笔，刻意隐瞒药物严重甚至危及生命的副作用。

我们的世界观的危险之处在于，它容易走向极端并成为反社会行为合理化的借口，危害无辜的人类——从希特勒第三帝国的大屠杀到20世纪的优生学，以及现在的种族清洗和连环谋杀。1999年4月20日发生的美国最血腥的校园枪击事件中，少年埃里克·哈里斯穿着印有"天择"字样的T恤，和迪伦·克莱伯德拿着丙烷炸弹、自组装的汽油弹、半自动手枪、半自动卡宾枪和霰弹猎枪走进科伦拜高中大开杀戒。

牛顿式理论和观点虽然带来了技术上的飞跃，但2008年全球化经济模式的全面崩溃、当今的生态危机、水和粮食的短缺、石油资源的枯竭，这些都暴露出这种心理定势的极端局限性，甚至可能造成地球物种的灭绝。而在个人层面上，它让我们许多人感觉空虚无助——我们的人性，在每日与世界的搏斗中不断遭到践踏。我们迫切需要新的故事来指导我们的生活。

合作，一个全新的生存法则

过去15年，我开始思考物理学及其他学科的前沿发现究竟具有什么意义，幡然醒悟时，才惊觉有许多左右我们生存方式的科学理论就像烟一样消逝得不见踪影。每出现一个新的科学发现，就有另一个我们所抱持的自我观念被彻底推翻。一种全新的科学叙事正在形成，向牛顿式、达尔文式的诸多假说发起挑战，其中包括最根本的假设：所有生物都是为了生存而竞争的孤立个体。

量子物理学的最新发现为我们提供了令人意想不到的可能性：所有生命是以合作的动态关系存在着。量子物理学家意识到，宇宙并不是由独立事物在空间中推挤集合而成；所有物质共存在一张巨大的量子连结网上；生命最本质的属性是与外在环境之间不断进行信息传送的能量系统。现在我们已能正确认知到，事物并非个别独立的原子和分子的集合，而是动态多变的交换过程，在此过程中，每个组成部分不断与其他事物的组成部分进行交换。

类似的理论革命并不仅限于物理学领域，在生物学和社会学中也有令人惊奇的新发现，深刻地改变了我们对生物与环境间关系的固有看法。尖端生物学家、心理学家和社会学家都找到了证据，证明个体远远不是我们过去所想的那样孤独。在生命最小的粒子之间，在我们的身体和环境之间，在我们自己与所接触的其他人之间，在每个社群的成员之间，处处都存在着键结——这种连结深刻内化在事物之中，以至于一个事物与另一个事物之间不再有非常清楚的界限。世界的运作不是通过个体的活动，而是通过它们之间的连结——从某种意义上来说，就在事物之间看似虚无的空间里。

无论是一个亚原子粒子还是一个成熟的生物，生命最重要的特质都不再是孤立。生命就是关系：不可分离、不可简化的键结。连结本身——事物之间的空间——掌握了所有生物的生命之匙，而这把钥匙会开启我们生机勃勃的未来。

这些发现都说明，任何个体都不可能绝对独立于宇宙的大网络之外。我们不是独立存在的个体，从我们身上的亚原子分子到整个人，都不可能孤立地存在。"个体"只是无数个无法精确定义的组成部分的集合，我们已然知道，这些组成部分每分每秒都在转移和转换。在每一方面，所有的个体生命都无法摆脱与"他者"的关联和键结，大自然最基本的推动力不是对支配权的争夺，而是恒常不断且无法压抑的对整体性的渴望。

尖端科学的新启示，代表了肇始自启蒙时代的原子化进程的一次大反转。这些发现不只与重新界定自我的方式有关，也与如何活出本真自我的方式有关。现在我们已经明白，所有的社会创造不是源自于竞争和个人至上主义，这些都有悖于我们最本质的存在。合作型的伙伴关系（而非支配型），才是所有生物构成方式的基础。这也意味着，发达国家的大多数人都没有与自我的真实本性和谐共处。

因此，我们需要一套新法则指导我们继续生活，我们需要另一种存在之道。

生命之舞不是独舞，而是双人舞，你以不可化约的键结连结着所有人。承认我们每个人都和世界紧密相连，才能在不同的人生故事里活得真切。我们需要采纳新的定义，找到生而为人的新意义。我们需要用新的双眼看世界、看宇宙，并试着将这些发现应用于生活的每个层面，即再一次做回自己。

"键结"最终目标是指向一个新未来，一种新的生活方式，以互惠共生的伙伴关系与连结来代替竞争。希望本书能为你提供一个全新观点，重新审视你在这个世界的位置。请记住，你不是主人，也不是竞争者，你，是合作伙伴。

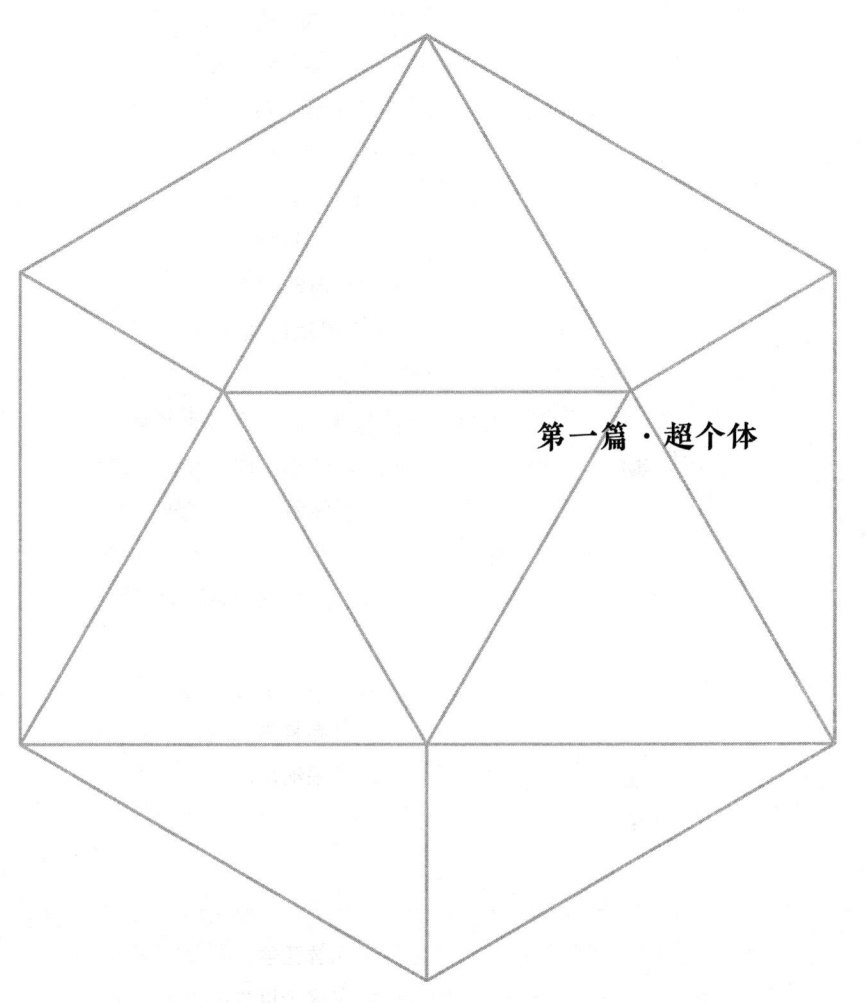

第一篇 · 超个体

我厌恶这个时代就是因为这该死的事情,所有事物越来越小,越来越微不足道。

——诺曼·梅勒
《裸者与死者》

第一章　寻找宇宙间最小的粒子

要找出宇宙间最小的粒子困难重重，原因可能只是一个简单的事实：没有东西是独立存在的。在深入物质底层后发现，所谓的亚原子粒子其实更像是一团微小、不停振动的能量。

在加州大学伯克利分校两辆休旅车大小的工作台上，格雷厄姆·弗莱明和化学系的同事设计了一架类似弹珠台的科学实验设备。若干个能在几十亿分之一秒内发出数百万次脉冲光线的高精度激光器被放置在各个要点上，前面是由面镜和玻璃透镜组成的障碍。一旦打开这台机器，这些超高速装置所产生的激光会掠过每个面镜和透镜，射入盒子并照亮盒子里面的东西：微小的绿硫菌样本。激光用来模拟太阳，而这种拥有非凡光合作用能力并能在细胞内部将阳光转换成能量的细菌则相当于植物。

弗莱明的光合作用实验

在英国出生的弗莱明这年60岁，希望借由追踪原始生物利用太阳动力转换能量并释放副产物氧气的方法，解开植物拥有这种非凡效率的重大谜题。奇迹在于，植物不仅能完全掌握这个本领，而且还能利用每一个光子。

目前地球上最精密的机器,还无法模拟植物的能量转换。与之相似的人造机制,在将能量从一种形式转换成另一种的过程中,会减损最初贮存的能量的20%。如果人类能利用近似植物的方式来捕捉和转换太阳能,人类未来的能源需求将会永远得以满足。

谜题的另一面更加基本:植物这样简单的生命系统,是如何将阳光的光能转换成反应所需的电能,为这个世界制造氧气和碳水化合物呢?

研究这个非凡功能的关键,是追踪电子在细胞支架蛋白内的路径,这条路径连接了细胞表面捕捉阳光的太阳能板(叶绿体)与细胞核心的反应中心——发生转换奇迹的微小熔炉。

弗莱明的实验在一眨眼的时间内就能完成。一旦激光器的脉冲光撞击到蛋白质而激活电子,产生的能量必须迅速找出沿着细微的支架蛋白路径到达反应中心的最短路线。根据传统物理学,这项工作复杂且费时:有许多可能的途径和终点,电子的能量必须一一尝试并逐个排除。

弗莱明的发现,无异于使整个现有生物学的宏伟建筑出现了一道巨大裂隙。电子到达终点并非是单一途径,而是同时尝试数个路径。只有在做出最终连结并让能量反向追踪到最有效的路径,能量才会顺着这条单一路径传送。就好像最佳路线是在排除了其他所有可能之后逆向选择的那样。就好像我们走在迷宫里,同时尝试了所有可能的路线,而在发现正确的逃出路线后,所有演练过程的足迹都会被抹除一样。

弗莱明的发现完全超出了他的预料:植物的高超效率,

是因为信使电子产生的能量能够同时占据一个以上的位置。

弗莱明所做的是为所谓的"量子生物学"做最早的试探，找出最早的证明地球生命遵循量子物理学定律的证据，但他的实验并不成熟：用激光代替真正的阳光，且在零下203摄氏度下进行试验，多数植物在这种酷寒的环境中无法存活。

然而，借助物理学和化学的背景知识，弗莱明完全明白他亲眼所见的意味着什么。如同创立量子论的丹麦物理学家尼尔斯·玻尔及其杰出门生、德国物理学家维尔纳·海森堡，在20世纪初发现电子或光子等亚原子粒子并不是真正的事物。原子并不是由无数撞球般的物质组成的小型太阳系，而是一团混沌的、充满各种可能性的云。它们以纯潜能的状态或是物理学家描述的"叠加"状态，同时存在于许多地方。弗莱明细菌实验中的亚原子粒子同时存在于数个地方，在找到前往反应地点的最佳路径之前，在同一时间内试验这条和那条路径。

他们的理论称为哥本哈根诠释（译者注：哥本哈根诠释是对量子力学的一种理解方式，主要由玻尔和海森堡等科学家于1927年在哥本哈根一致达成的有关量子力学的解释。其中一个重要观念是：对所有自然界现象的描述都是几率性的，宇宙是由无数可能性彼此重叠而成），玻尔和海森堡正是在这个城市，第一次为他们的数学发现推敲出结论，其中之一是"不确定性"的概念，即我们无法完全掌握一个亚原子粒子的所有情况。比如说，假设你查明了它的位置，就无法在同一时间确定它的运动方向和速度。玻尔和海森堡也认识到量子粒子同时以粒子和"波函数"的形式存在：前者是类似子弹的固体，而后者则是一大片模糊不清的时空区域，粒子可能占据每个角落。

在量子状态中，粒子以集合体形式存在，由所有可能的、未来的自我在同一时间组成一个集合体，就像剪纸娃娃无穷尽的折叠链。当科学家固定电子并进行测量时，仅允许一个电子"可能"存在，在这个点上其他的多重自我纷纷瓦解，而电子就固定在单一的存在状态了。

如果弗莱明的实验结果无误——现在已有人成功地在室温下以真正的植物进行实验——则意味着：宇宙最基本的运作（对地球生命至关重要），其驱动机制完全不是我们一般定义上的实际的事物。驱动整个光合作用的电子有如镜花水月，无法精准地定位。弗莱明的实验，道破了所有生命可能是由瞬息即逝的事物所创造并维系，因此我们也许永远无法确认它确切是什么，更不用说精准地确定它的位置。

尽管意义惊人，但弗莱明的发现并没有给量子物理学家带来特别的启示。在这个领域中，许多人寻寻觅觅但都未找到那个东西——构成世界上所有事物的最小物质。当代所有关于物质宇宙的假说，都基于相信生命是由物质构成，物质由更小的物质组成，而且我们可以借由找出并命名这些小物质来了解大物质。

全宇宙的最小粒子

自一千多年前物理学家伊本·海赛姆发展出所谓的科学

方法以来，科学家就企图分解宇宙，就像拆解一台巨大的收音机，以便检视构成它的零件。过去数百年来，科学家全神贯注地想找出构建生物的最微小结构单元。1909年，就在刚认为原子核是全世界最小的单位不久，诺贝尔奖得主、新西兰化学家欧内斯特·拉瑟福德及他在曼彻斯特大学的同事创立了拉瑟福德的原子模型——一个井然有序、由电子构成的微小太阳系。但拉瑟福德的模型很快遭遇了挑战，来自剑桥大学的同行、英国物理学家詹姆斯·查德威克在原子核内部发现了更小的粒子——中子。

查德威克认定原子的组成粒子是质子、电子和中子。它们被认为是这个世界最基本的单位，直到发现它们就像俄罗斯娃娃，粒子里头还有更小的粒子。

1969年发现夸克时，科学界曾短暂地庆贺分离出了最基本的宇宙组件，但往后几十年又发现了一堆其他代号的粒子：μ子（渺子）、τ子（陶子）、正子、重力子、具有作用力的粒子和无作用力的粒子、ε粒子、中微子，以及最新发现的孤立子、戈德斯通微子、双荷子、坡密子和光子，还有强子等强交互作用的"复合粒子"，甚至还有根据"超对称理论"而来的假设粒子。

为了弄懂这些实体，物理学家制作了标准模型，就像现代粒子物理学的罗塞塔石碑（解开古埃及象形文字意义的重要石碑），将这些数以百计的粒子和极端复杂的交互作用归并成三个基本交互作用和类型都不同的族类：六种夸克、六种轻子和各种玻色子，玻色子也被称作"传递作用力"的粒子（包括光的最小单位光子），以及被称为弱规范玻色子的胶子，还有重力子和希格斯玻色子，最后两种仅存在于假设中，还没有被真正观察到。

不管标准模型的理论多么精简，可以让科学家将所有数十种粒子简化成数学式，但他们始终无法分离出有把握宣称为宇宙最小组成单位的单一结构。第二次世界大战后所发现的数十种粒子，现在大都被认为是复合粒子，而不是基本粒子，事实上，物理学家现在已接受，也许永远无法证明这些粒子还可以进一步分离成更小的组成单位。

物理学家假设一些粒子比其他粒子更基本，如夸克比核子或 π 介子更基本。尽管如此，就像诺贝尔奖获得者、美国粒子物理学家史蒂文·温伯格悲叹的那样："我们仍无法获得关于夸克和胶子的基本性质的最后结论。"

即使基于标准模型理论，科学家得到的也只是一个权宜的、模糊的结论，它与生命终极真理的区别就像机械人和真人一样。等科学家发明更高能量的粒子加速器时，标准模型或许才能证明一些更基础的理论，到时候我们或许会发现这些最微小的粒子事实上并非最小的俄罗斯娃娃，里面还有更多的娃娃。

要找出宇宙最小的碎片之所以困难重重，原因可能非常简单：没有什么东西是独立存在的。尽管我们认为物质是不连续且有界限的，但其实却无法划分成什么确定的东西。就连物质的最小结构，或许都不可能将单一实体（如基本粒子）与它的邻居分离开，然后在它的周围设下篱笆并下定论说：它从这里开始，在那里结束。对于比原子还小的事物，我们甚至无法弄清楚亚原子物质是靠自我存在，还是以组合的方式存在。

科学家越靠近观察，就发现事物对其他事物的依赖越大，最后无从区分彼此。海森堡说到这个事实，称之为"50年来最重要的实验发现"。他还指出，连粒子"组成"的问题都"不再具有什么合理的意义"。例如，质子可能由中子和 π 介子组成，或由 Λ 超子和 K 介子组成，或是由两个核子和一个反核子组成，最简单的说法就是质子由连续的物质构成，而所有这些陈述都犯了同一个错误：基本粒子和复合粒子之间是没有差异的。事实上，认为"粒子"这个词意味着分离和有形实体的看法，并不恰当，因为当粒子物理学家深入物质底层时，并没有发现什么实物。虽然高中物理学还在教拉瑟福德模型，仍然将原子描绘成一群乖巧的小撞球，沿着有序的小轨道环绕着中间的原子核，但事实上，亚原子粒子更像是一团微弱的能量振动所形成的一缕尚未凝结的气息。

牛津大学量子物理学教授弗拉特科·韦德拉尔表示，更精确来说，粒子是波的激发，是能量的激发，是大能量场中能量的小聚集，就像一条绳索的绳结。温伯格补充道："在我们得到力和物质的最终理论之前，无法获知哪种粒子才是有关本原问题的最后答案。当我们有这样的理论时，也许会发现物理学的基本结构根本不是粒子。"

虽然我们将宇宙万物区分开来，但在最根本的层次上，个体性并不存在。

海森堡的测不准原理

我们应该感谢海森堡脆弱的免疫系统,以及他一向偏高的组胺浓度。1925年5月,海森堡罹患了严重的干草热,他收拾行囊,前往德国西北岸外的黑尔戈兰岛,这里因为地势荒凉几乎没有花粉。呼吸通畅后,海森堡终于能自在地思索量子结构的新发现所引发的谜题。在那个没有树木的岛上,没有让人分心的事物,他最后得出优雅简洁的量子矩阵力学方程式,再也不用将量子存在的新发现硬塞进经典力学之中。

海森堡的想法可以简化成一句常见的话:任何关于物质宇宙的理论,关注的都是可在实验中观察到的东西。他排除了所有关于亚原子碎片的假说,如行星绕行太阳的想法。他不用个别的数值,而是摆弄一堆数字来表现亚原子实体可能呈现的状态光谱,通过这种方式,最终找到能展示量子粒子奇异模糊状态的数学方法。

回到欧洲大陆后,海森堡把研究成果给玻尔及另一位导师、物理学家马克斯·玻恩过目,在玻恩的协助下将理论公式化,这成了量子物理学第一条公认的理论。

海森堡的方程式非常成功,除了一个怪异的事实:不能交换。他的方程式不像正规代数:$x + y$ 不等于 $y + x$。一年之后,海森堡继续建构不确定性原理(测不准原理),从根本上提出物质最终不可知的骇人主张。他和玻尔关于物质世界的一些发现与直觉相悖且怪诞,也让许多受牛顿物理学影响的现代物理学家无法接受：物非物，物底下没有坚固实体，只有彼此之间的空间，事物之间具有不可分割的关系。

从量子物理学建立开始，物理学家就被迫不断发明新的理论——弦理论、多重宇宙论，否则，尽管数学上讲得通，逻辑也会继续混淆。然而，在后续研究中，现代量子物理学家不断地证明了海森堡最初的直觉：物质只不过是关系，从某方面来说，$x + y$ 代表两个不能独立存在的不确定事物之间无法穿透的键。或者如海森堡在尝试超越量子世界的不确定性却徒劳无功之后，以他的哲学嗜好直言道："我们无法知道，一个作为物理定律的物质在此刻的所有细节。"

海森堡继续将他的理论改进成为"量子场论"。他发现在我们所存在的最基础层次，亚原子粒子不仅不是有界限的东西，甚至也不是时时刻刻都一成不变的。宇宙中小物质组成大物质并非一直都一样，而是不断在改变。所有亚原子粒子不断和环境交流信息，并以动态模式重组。宇宙含有不确定数目的能量振动群，不停地来回传送能量，仿佛一场在光的量子海中举行的没有终场的篮球赛。其实它们甚至不是一直都在，而是不断出现又消失，在退入背景能量场之前简短地亮个相。

所有基本粒子通过被认为是短暂或"虚拟"的量子粒子来交互作用，瞬间结合或彼此消灭。此外，每种粒子都有由反物质或反粒子所形成的"影子自我"，行为跟"正"的物质或粒子一致，只是电荷相反。因此每一个夸克都有反夸克，每个电子都有正子。若两者相遇，就只是结合，存在的外表恢复成不确定、不明确的能量。

虚拟粒子前后来回通过，有如两个人轮流从银行存入和提取相同金额的钱，称为"零点能量场"。这个场域之所以称为"零点"，是因为就算在绝对零度的温度，理论上所有物质都应当停止移动，但还是能侦测到这些微小的波动。就算是在宇宙最寒冷之处，亚原子物质也从来不会静止不动，而是继续跳着小小的能量探戈。

自然界最基本的要素是由成束的能量构成，这些能量束无法从它四周的场域区分出来。根据量子场论，单独的存在是转瞬即逝且非实体的，粒子不能从它们周围的空间分离出来。虽然任何时候在你看来似乎都一样，但在每次呼吸时，你都是一批全新的亚原子能量了。

基本物质不是一批分离的物体在空间中推挤，更准确地说，只是两个不确定事物之间的关系：粒子能量与其他粒子之间的能量交换，以及和背景场域的交换。事实上，这些微小粒子和背景场域之间的键结，创造了与我们所谓"物质"有关的所有事。所有物质都依赖与这个最基本能量场域的连结，达到固态和稳定性。

所有事物，都是具有关联的带电能量的集合

美国得克萨斯州奥斯汀高等研究所所长哈尔·E. 普索夫和他的同事，证明了所有亚原子物质和"零点能量场"之间存在不间断的交换行为，这能用来解释氢原子的稳定性，也可以解释所有物质的稳定性。如果没有与"零点能量场"不断交换能量，万物所含的原子里面的电子就会呈螺旋形并坠

毁到原子核中，而所有物质只能向内聚爆。

此外，普索夫还证明，这种关系让我们能感知物体的质量和密度。在一篇划时代的论文中，普索夫和他的同事证明了惯性——停止的物体不易移动，而一旦移动就不易停止的倾向——只是穿过"零点能量场"加速的"阻力"或抵抗力。物体越大、所含的粒子越多，场域就抓得越紧。在这些物理学家眼中，质量就只是某个能量在抓住其他能量。不论何时，当你推动一个物体或是它尝试着移动时，粒子之间的交互作用或能量振动，都会让质量被"零点能量场"紧紧抓住，由此给人一种有形实体的错觉。

无论我们给事物贴上什么样的标签，不论大小或轻重，所有物体本质上都是电荷与其他能量交互作用的集合。物质最基本的性质，即它作为具体事物的存在状况，完全是源于亚原子粒子及其能量海之间的键结。亚原子"粒子"不过是在巨大的能量网和小型能量结之间的空间找寻连接。你和周围所见的所有事物，全都是具有关联的带电能量的集合。

我们现在也了解，这些小能量结多半以不可分割的集体形式一起运作。量子物理学另一个奇特的性质是"非定域性"，也称为"缠结"，这一名称注定了不可分割，就像一对被迫分开的不幸恋人，在心灵和情感上仍永远纠缠在一起。玻尔发现，一旦亚原子粒子（如电子或光子）彼此有所联系，它们的意识会超越时空，立即且永远地相互影响，不需明显理由，即便没有任何外力或能量。

当粒子彼此缠结时，只要一方有动作必然会同向或反向地影响另一方,不管它们相距有多远,都像连体婴儿一样不可分割。一旦它们有所联系,测量其中一个亚原子粒子,就会实时影响到第二个粒子的位置。两个亚原子伙伴会持续对话,不论其中一个发生什么,同样或完全相反的事情会发生在另一个身上。

缠结的粒子通常会进入相干或同调的状态,而失去其原本的个体特征,并表现得像是一个巨大的波。虽然单个的亚原子实体就像是管弦乐团的每个演奏者那样,能维持一定的个体特征,但任何要将它们分开的尝试都只会徒劳无功,因为发生在其中一个身上的事情总会影响到全体,且个体的任何动作都由团体指挥。它们密不可分,甚至无法分辨出彼此。尖端物理学家已经发现,包括人类在内的所有生物所释放出的亚原子粒子是高度同调的,这意味着建构我们的亚原子粒子只以集体形式存在,无法分割。

量子理论与意识

发展出核裂变理论及创造出"黑洞""虫洞"等术语的约翰·阿奇博尔德·惠勒是玻尔的另一个门生,他是爱因斯坦的头号支持者,也是爱因斯坦的共同研究伙伴,他试着完成爱因斯坦的"统一场论",但失败了。然而,惠勒还是坚持宇宙可以用一行数学公式来总结和呈现,甚至最后完全简化成信息。朝着这个目标迈进,他创造了朗朗上口的句子。"万物源于比特,"惠勒说,"每个粒子、每个力场,甚至时空连续体本身,都是源自'是或否'的答案——二元选择。"

惠勒最惊人的推测，是试着理解量子物理学引发的最大谜题。量子物理学的先驱以实验证明，似乎只有在观察者的参与下，事物才会转换成可能的亚原子粒子，以固态形式存在且可被测量。一旦科学家更靠近观察要测量的亚原子粒子，存在着各种可能性的亚原子实体将会"崩散"，进入一个特定状态。

换句话说，一个亚原子粒子只有在被测量或观察时才会固定在单一状态，这个事实让许多科学家想到一个极大的可能：科学家本身的角色（或生存意识的角色），某种程度上会影响最小的生命要素，使其变成真实的事物。这意味着宇宙是观察意识和被观察者之间联合运作的事业，它需要观察者来让被观察者成形。

双缝实验及延迟选择实验

惠勒想要以量子物理学著名的"双缝实验"来检验这个惊人的想法，这个实验是19世纪英国物理学家托马斯·扬最早创造的光实验。在扬氏实验中，一束纯净的光穿过一张硬纸板上的一个孔（或狭缝），穿过第二个屏幕上的两个洞，最后到达第三个空白屏幕。通过两个孔的光，会在最后一个空白屏幕上形成许多条明暗交错的斑马条纹。如果光只是一连串的粒子，两个最明亮的点会出现在第二个屏幕两个孔的正后方，就像是单个粒子的图案。

然而，图案最明亮的部分是在两个孔的中间，是由这些波相互叠加、干涉所造成的。当同一时间两个波峰或波谷遇上，会强化重叠波结合在一起的信号，从而光变得比较明亮。如果一个波峰碰上另一个波谷，则会产生相反的情况，两者彼此抵消，形成完全的黑暗。观察到此现象后，扬明白了光束通过两孔时会以重叠波的形式散开。

现代版本的实验，则采用称为干涉仪的装置来发射单个光子通过双缝。这些单一的光子也在屏幕上产生斑马条纹，这证明即使是一个单位的光也会像摇头摆尾的波一样行进，形成范围较大的影响。物理学家以扬氏实验证明量子实体（如光子）的行为，就像波一样一次会通过两个狭缝。由于至少需要两个波才能产生这样的干涉图案，因此这个实验表明：光子以谜一样的方式同时通过两个狭缝，并在再次结合时干涉自己。

然而，这个实验有个困境：倘若在实验中，我们使用粒子侦测器来找出光子究竟通过哪个狭缝，实验结果就会截然不同。此时，光子的行为不会像波，而是像粒子，并且会被侦测到明确地通过两个狭缝之一。此外，也不产生干涉图案，而是在屏幕上产生明显的粒子图案。

也就是说，当我们打开粒子侦测器时，侦测器就扮演了观察者的角色。一旦侦测器进行"观察"，光子的行为就像是实心的粒子，而不是摇头摆尾四散的波。它"崩散"成单一的实体，仅通过其中一个狭缝，并让你能追踪到它的路径。

1978年，惠勒思索着这个实验的意义——他考虑的焦点是光子能否被侦测到，他想知道时间点是不是一个重要因素，也就是光子在哪个点被观测到或测量到，是否对实验结果有影响。

当科学家要检验某件事物时，有时会先在脑中进行"思想"实验。他们会想象一个实验,并以数学语言来计算。因此,基本上这个实验是用数学来检验,而不是发生在现实中。为了测试惠勒对光子实验时间问题的推论,他设计了一个被称为"延迟选择实验"的著名思想实验,让粒子侦测器延迟侦测,等光子通过狭缝后才侦测其路径。

想象一下,有一个光子已经通过狭缝,正向后面的墙壁行进。此时光子有三条可能行进的路线:左侧狭缝、右侧狭缝,或者同时穿过两个狭缝。在这个阶段,我们不知道光子会走哪条路线。

如果像惠勒想象的那样,在屏幕后方藏两架望远镜,一架指向右侧狭缝,一架指向左侧狭缝。当光子通过狭缝时,由于望远镜隐藏在屏幕后方,光子不知道有这种侦测装置。等到光子通过狭缝后,迅速拉下屏幕进行观测,这时光子想回头已来不及了。因此望远镜在光子通过其中一个狭缝时,会看见并记录下一道闪光,如此就能侦测到光子的路径。

在这个实验中,观察者作了"延迟选择",即在光子决定通过哪一条狭缝或同时通过两条狭缝后,观察者再决定是否要(透过望远镜)观察光子的路径。

根据惠勒的计算,光子的路径完全取决于是否受到观察。如果移除屏幕及记录光子路径的望远镜(即使是在光子通过狭缝之后),所得到的分布图案会跟粒子通过某条狭缝时的图案一致,但若是同时穿越两条狭缝就不一样。如果不移除屏幕,那么光子会保持叠加状态并同时通过两条狭缝。

这个实验的非凡之处,在于证明实验结果跟时间不相关:

无论光子通过的是一条还是两条狭缝，都是屏幕的有无，也就是观察者的有无，决定了最终结果。

惠勒的实验意味着，是"观察"决定了最后结果，即使在事件发生之后。无论是哪个时间点，观察者都完全掌控了被观察者是否成形。

我们的每次呼吸，都在共同创造世界

惠勒的门生、著名的物理学家理查德·费曼说，观察者的角色是量子物理学的核心，这是"不会消失的谜"。延迟选择实验一直到 2007 年都还是个谜，法国卡相高等师范学院的让－弗朗索瓦·罗克和其同事成功发明了一种方法，证明了惠勒 30 年前的想法。

2006 年，距其离世两年之前，惠勒曾说："我们是万物成形的参与者，不只是近在眼前的事物，还包括远在天边和很久以前的事物。"在他丰富的想象中，甚至想象整个宇宙是一个巨大的波，需要通过观察让它成形。

从这个证据看，我们必须问自己一个非常根本的问题：如果驱动我们所有基本生命过程的量子实体不可能彼此分离，那么还有什么真实事物是只靠自己存在的呢？

亚原子世界的物质不能孤立起来去理解，只能通过复杂且永远不可分割的关系网来了解。生命之所以存在，源于一种基础的对偶性、影响与存在的多样性，以及一种合作关系。最根本的是，物质不仅不是任何事物，而且在我们的意识参与之前，它都是不确定的。在我们注视或测量电子的瞬间,我们帮助它确定了最终的状态。

其中最无法简化的,可能是物质之间的关系,以及进行观察时的意识,而最后让事物成真的,是观察者和被观察者之间形同炼金术般的键结。没有"我们"和"他们",而只有一个不断转变的"我们"。我们每次呼吸,都在共同创造世界。

无论多么努力,我们都无法找出宇宙最基础的组件,因为它们只存在于与其他组件的关系之中。量子物理学家徒劳无功地继续寻找,而每一次寻找都在改变它。生命的建立不在事物之内,而在键结之中,在两件事物之间的空间里:亚原子粒子之间、粒子和背景场域之间、意识和物质之间。事实上,生物学家发现,那是我们自我创造的方式。

你和我,都是我们和宇宙交互作用的作品。

本章摘要

弗莱明的光合作用实验

- 证明所有生命可能是由瞬息即逝的事物所创造和维系的。

海森堡的量子场论

- 天底下没有坚固实体,只有事物之间的空间,一种不可分割的关系。
- 已知的最基础的层次,是一种不断改变的状态——所有亚原子粒子不断和环境交流信息,并以动态模式重组。

普索夫的研究

- 不论多大或多重的物质,从根本上来说都是电荷与其他能量交互作用的集合。
- 所谓"固态"的事物,都源于亚原子粒子和背景能量之间的键结。
- 你和周围所见的所有事物,全都是具有关联性的带电能量的集合。

惠勒的延迟选择实验

• 光子的行为取决于我们测量它的方式,与时间无关。
• 观察者决定了被观察者是否成形。
• 我们是万物成形的参与者。当我们注视或进行测量的瞬间,我们帮助了被观察对象确定其最终状态。

结论

1. 一直以来,科学家相信通过研究组成宇宙的个体,可以了解宇宙的整体。因此科学发展持续朝向原子化迈进,寻找建构所有物质的最小粒子,从分子、原子到中子,但结果总像俄罗斯娃娃,后面永远有更小更多的娃娃等在那里。

2. 要找出宇宙最小的碎片困难重重,原因可能很简单:没有东西是独立存在的。尽管我们一向认为物质是不连续且有界限的,但事实上,物质之间并不能被清楚划分。科学家越靠近观察,就发现事物之间的依赖性越大。

3. 事实上,当代粒子物理学家在深入物质底层后,却没有发现任何实体物质,所谓的亚原子粒子其实更像是一团微小的、不停振动的能量。

4. 在我们生活的这个亚原子世界,所有物质只能放在复杂的关系网中,不能孤立来理解。所有生命都是一种合作伙伴的关系,生命的建立不在事物内部,而在键结之中。

第二章　基因决定论错了，环境才是关键

我们一直以为基因决定了我们回应环境的方式，结果却相反：是环境决定了基因回应的方式。生物与所在世界之间的键结、人我之间的关系，以及我们与环境的关系，都具有更大的遗传力量。

对兰迪·杰托来说，人类基因组只是一部有缺陷的计算机。杰托是美国杜克大学肿瘤学教授，他漫长的学术生涯从计算机开始，辅修核能工程时他就展现了卓越的数学天分。毕业后，他放弃原计划的核能及核反应炉工作，转而专攻电离辐射生物学——某种意义上，这是指核能使用不当导致的生物效应。但就算研究的是生物系统，他面对的依然是软件与硬件。在杰托的认知里，基因明显是硬件。但他纳闷的是，为何硬件常出错？而控制一切的主程序软件，精确的位置又在哪里？

亲代与遗传基因

软件中的瑕疵与基因印记有关。基因印记曾难倒了许多遗传学家，而且似乎违反了格雷戈尔·孟德尔制定的遗传法则。这位19世纪修道士的遗传法则为现代遗传学奠定了基础。根据孟德尔的学说，生物从亲代遗传两组基因：其中较

为强韧、合适的基因称为显性，有助于协助塑造生物的外观；另一半称为隐性，就像不敢吭声的瘦弱懦夫，受到显性基因的压制。基本上来说，自然界的生物会从父母双方接收两组基因拷贝，这貌似是为了对抗突变的多重保障，但是借由将其中一个"静默化"（译者注：基因"静默化"或称基因沉寂，是指将不再需要的基因甲基化，使其失去功能，以便能够在不改变DNA序列的前提下，改变遗传表现），大自然似乎放弃了这个优点。

杰托的论点是，基因的显现与否更多取决于继承自父方或母方，而不是其成为显性的先天倾向。在基因的层面上，生命是两性之间永恒的战争。此外，他的研究显示，被静默化的基因表现出遗传的弱势，容易成为癌症和其他疾病的目标。就好像DNA是用特意设计成会内爆的电路板建构而成的。

杰托用了整整十年钻研这个问题，以及它如何和突发癌症的身体器官系统发生关联。杰托的实验室，曾因研究胰岛素样生长因子-2而闻名，这种物质会让细胞停止死亡，导致细胞不正常增生而引发癌症。他详细研究了老鼠的一个肿瘤抑制基因（称为IGF-2R），它可清除IGF-2并设法将其消灭，最后抑制肝癌。杰托的研究团队，在基因外面发现一个负责开启IGF-2R活动的开关。但是，到底是在什么生物条件之下按下开关呢？如果你能发现特定疾病的开关，你或许就能修改印记过程，最后关闭软件的自毁机制。

2000年，杰托有机会进一步研究这个问题。他收到罗布·沃特兰的来信，请求他资助博士后研究计划。沃特兰刚从康奈尔大学拿到人类营养学博士学位,想要探究饮食的改变是否也是开关的主要控制装置之一。当时已有大量的科学证据显示,母亲在怀孕时若缺乏营养,那么生下的后代罹患疾病和神经失调的概率就较高,沃特兰对此深感兴趣。流行病学的研究也显示,产前深陷于饥荒的族群,新生儿的出生体重会偏低,而罹患退化性疾病的比率会偏高,包括糖尿病、冠心病和癌症。

沃特兰最好奇的,是有证据显示饥荒的效应会穿越世代。曾经在母体子宫挨饿的人所生下的子孙,体型会比正常人小——即使他们日后的生活有足够的营养。不利的环境条件,似乎至少会往下影响两代。

他想知道,要如何才能改变这种情况?改善孕妇饮食,能否改变遗传命运,关闭更易发展出疾病的基因呢?

杰托同意与沃特兰一同研究,前提是要仔细选择标本物种。科学家研究遗传问题时,需要在放大的条件下加以探究,才能找到命定的遗传怪胎。杰托和沃特兰基于研究目的,决定选用野鼠色基因。就他们所知,刺豚鼠有一种基因,在毛色的信号分子中存在某种缺陷,使毛囊长出黄色的皮毛,而非典型的棕色。拥有野鼠色基因的老鼠注定是懒骨头,除了毛色不同之外,这些老鼠通常长得肥嘟嘟,未来可能会得糖尿病或癌症。

沃特兰的基因密码实验

沃特兰的灵感来自美国国家毒理学研究中心所进行的研

究。该研究显示,给雌性刺豚鼠补充维生素 B 可以弥补遗传缺陷,并生下较大数量的正常后代。研究推测,原因可能在于"基因上方"的一种机制,但是研究人员没有找出要如何修改母鼠 DNA 来达到这个幸福的结果。沃特兰计划使用 NCTR 的模式及实验计划,并在之后分离母鼠的 DNA,看看能找出什么东西。

在收到"达能营养中心"提供的两年期赞助金之后,沃特兰和杰托从 NCTR 的研究小组取得几对育种的刺豚鼠,接下来的六个月里它们各孕育出十窝试验鼠和对照组。一半的雌性刺豚鼠在怀孕前就被喂食额外的维生素 B,并且怀孕和哺乳期间也持续喂食,另一半对照组则给予正常的老鼠饲料。

要从一只动物身上分离出基因密码相当不容易,得花上一整个星期。沃特兰从每只试验动物尾巴上取得组织的微小碎片,借助一种程序调整,混入有毒的化学溶液以分离出基因密码,然后在摄氏 40 度的温度差范围内震荡。冷热交替产生连锁反应,可以快速复制 DNA,这有点像是复印机不断复印的过程。经过另外几个化学作用之后,最后基因蓝图清晰到可以拍照。在帮所有实验的刺豚鼠都完成了这个费力的程序后,沃特兰发现,补充了营养剂的母鼠所生的刺豚鼠在基因密码外观上有明显的差异。

蛋白质的基因编码有四种,科学符号简码分别为 A、C、G 和 T,代表腺嘌呤（A）、胞嘧啶（C）、鸟嘌呤（G）和胸腺嘧啶（T）的核苷酸碱基。补充了维生素 B 的刺豚鼠所生的后代，C 转换成 T 的几率很大。维生素 B 补充剂开启了一个不同的基因。

基因表现的改变，也显现在身体上。母亲有丰富食物的幼鼠，毛色呈正常棕色的比率较大，得糖尿病或癌症等成年退化性疾病的比率较小。不像它们的母亲，下一代的刺豚鼠有正常的寿命。营养补充剂通过关闭野鼠色基因的表现，明显地改变了后代的遗传命运。这是第一个证据，母鼠的环境和后代的身体改变之间，具有明显的因果关系。杰托兴奋地公开发表他们的研究成果："这是环境和基因学的交集。"杰托和沃特兰两人仅仅用了一小批刺豚鼠，就证明了在生物的生命初期，只要一些简单的环境改变就能完全掌握遗传命运。

"沉冤待雪"的动植物学家拉马克

《分子细胞生物学》2003 年 8 月号以两人的研究作为封面专题报道时，杰托跟沃特兰开玩笑说道："我们不是一夜成名，就是飞蛾扑火。"期刊还附上一张照片：一批棕色的幼鼠爬过鲜绿色的青花菜和菠菜堆成的小山。杰托知道他们即将解开科学界的封印，不仅推翻了一个世纪以来关于遗传学及现代生物学核心的科学信仰，还将解救一名科学界特立独行的人士，他遭受诽谤超过百年，名字被当成荒诞不经的同义词。

在达尔文提出"物竞天择"的观点并出版《物种起源》的 50 多年前，法国动植物学家让 - 巴蒂斯特·拉马克花了十年时间研究法国的植物群落和无脊椎动物，1802 年他出版了《生物活体组织研究》，这是第一本有条理、完整讲述进化论的著作，此后他还出版了两卷本《动物哲学》。拉马克将生命描述成进化链，而事实上，达尔文在牛津读书时还曾热情地研究过拉马克学说。此外，拉马克相信所谓的"后天性遗传"，认为环境是动物变异的一个主要原因，而且这些改变可以世代相传。

达尔文描述的物种进化，基本上是无常的偶然。整个物竞天择学说建构在三个基本假设上：其一，所有生物源于一个共同的祖先；其二，物种的新性状随机突变而进化；其三，这些性状只在有助于物种生存时才能长存。达尔文认为，个别生物体发生的突变，本质上是一种传递给后代复制的错误。只有在这类遗传错误能够持续提供物种成员生存优势时，突变才会成为永久性的改变。然而，一个物种到另一个物种的任何重大变异，都是经过漫长的时间由无数个小步伐累积而成。从这个角度来看，正如英国进化学家道金斯的著名譬喻：自然是"盲目的钟表匠"，而进化是把赢家从输家中筛选出来的冷血过程。

相反，拉马克将进化看成是生物体及其环境之间相互合作的事业。他相信"后天性遗传"，即生物体会回应环境的挑战，从而产生特定的后天特征，并将这些性状传递给下一代。他的结论是：生物体会产生回应进化的需求，而这种需求会有利于适应环境。就像达尔文一样，拉马克的"物种演变"，也需要一段漫长的时间，要经过许多地质年代。现代进化综论以遗传的骰子的滚动为焦点，而拉马克的世界观则将自然世界描绘成动态、共生的伙伴关系,进化突变是生物体与环境失调时恢复平衡及和谐的合作方法。

拉马克的观点曾受到热情拥戴,但最后却惨遭全面排拒,他死时一文不名,遗体葬在石灰坑里。在科学词汇里,"拉马克学说"甚至被当成轻蔑用语,用以指涉认为环境因素会影响遗传编码或物种的想法。

沃丁顿的黑腹果蝇研究

一个世纪后,拉马克的成果才被证实。英国胚胎学家、剑桥大学讲师康拉德·沃丁顿在研究两栖动物的神经如何建构时,逐渐相信答案就在遗传学的新生领域之中。在20世纪30年代,这是异端邪说,因为人类对基因尚未完全了解,而且没有考虑过基本身体特征之外的遗传蓝图。

为了更深入探讨这个问题,沃丁顿前往美国西岸。在加州理工学院,伟大的美国遗传学家托马斯·亨特·摩根创立了专门研究黑腹果蝇的实验室,这是一种常见的果蝇。在摩根的努力下,这个实验室为后世的有机体研究树立了典范。沃丁顿来到加州实验室后,开始了不眠不休的分析工作,他将果蝇胚胎暴露在乙醚中,仔细观察细微突变对果蝇后翅发育的影响。

一开始,沃丁顿认为他的研究将会证明遗传编码至高无上的地位,但最后他发现,果蝇生命早期所遭遇的异常状况,会让它发育出一组奇特的后翅。许多代的果蝇暴露于乙醚之后,沃丁顿又发现,改变的后翅这个纯粹由环境造成的突变,会继续复制八代,即使这些后代子孙没有暴露在这种挥发性的液体中。

1942年,沃丁顿首创了术语"表观遗传学"(Epigenetic Landscape),它意味着环境有助于完成基因表现。他使用Epigenetic这个词来指涉"基因上方",因为影响似乎发生在基因之外。沃丁顿还提出了"遗传同化"理论,指出动物对所在环境特别是压力因素的回应,不仅会影响发育,还会变成遗传的一部分。后天性遗传所导致的变异会同化到物种之中,让后代产生重大变化。通过果蝇研究,沃丁顿第一个论证了拉马克遗传学的部分见解是正确的,错的反而是达尔文。因为生物的发展,似乎仰赖于它们与外界事物连接的性质,而生物本身就是这个连接体,并非只有基因密码才能传递给后代。

环境与基因的关系

我们每个人的身体都与其他人不同,这个事实是我们判断自我独特性的最根本的证据。我们对于"自我"的概念,也基于相信我们的身体是由体内一套完全独立且自给自足的过程创造的。个性、身体特征,以及所有界定我们的事物,事实上都是由独一无二的DNA蓝图制作而成。尽管知道情绪上的压力会影响个人的精神发展,也知道饮食会影响健康,但我们还是假设,形塑自我的原料黏土,大致是在从基因到细胞再到器官这个由内而外的过程中,逐渐成形、固定并得到永久的形貌。至于我们这一生过得如何,不被认为能够改变遗传蓝图或往下传递给子孙,而是要经历千百个世代的突变。

1660年,牛顿的宿敌、自然科学家罗伯特·胡克透过原始显微镜发现软木片中似乎有独立的单位,从此生物学家便一致认为细胞是人体的发动机房。事实上,细胞一词在拉丁文中正是"小房间"的意思,胡克认为软木的细胞与修道士的房间类似,是一个具有线粒体(真正的引擎)和细胞核的运转中心。虽然历代科学家一直盯着细胞内部的微小结构进行研究,但直到300年后,才由杰托在研究中发现生物体中的中央工程师。

在沃森和克里克解开了细胞核内的遗传编码DNA后,DNA就被视为身体的建筑师,起草最终的生命蓝图,然后通过打开或关闭某个特定基因来指挥、监督身体的活动。基因位于双螺旋的阶梯上。这些核苷酸或遗传指令,自我复制形成信使RNA分子,再由RNA转译DNA信息到蛋白质,然后由各种蛋白质去发挥身体所需要的功能。

一开始,沃森和克里克就制定了一套规则,称为微生物学的"中心法则"。第一条法则是细胞的信息命令朝单一方向流动:DNA→信使RNA→选定的氨基酸组合→蛋白质。凡是认为这个过程可逆的相关提议,都会被贬为拉马克式的幻想。然而,"中心法则"无法精确地解释长链的遗传指令如何"知道"何时编排特定的过程并提供信号。直到最近,科学家还认为基因活动是个封闭的过程,与环境无关。

杰托和沃特兰的研究证明,基因完全不像中央控制器,而比较像亚原子粒子。现代研究认为，信息其实是往另一个方向流动：由外而内。有些环境信号会警告身体，需要制造特定的蛋白质，并且由外在环境信号诱发特定的基因表现。因此，我们一辈子都暴露在环境影响的复杂参数中，它决定了我们体内每个基因的最后表现。基因打开、关上，同时基因也会被周遭环境（如食物、周遭的人，以及我们的生活方式等）所改造。

请想象有一家巨大的制造工厂，有中央办公室和为数众多的能量中心为工厂的其他部分提供动力，它们庞大而精密，且同时能进行数以万计的化学和电气制造。接着，再想象有40万亿个这样惊人的制造工厂鳞次栉比地来回交换资源，你就能领会身体中100万亿个细胞的运作了。

每个细胞都自成一体，在10微米的空间中进行各式各样的活动——呼吸、消耗、复制、排泄。然而，不论细胞的运作如何精密、敏锐，也不论其调适速度有多快，没有哪个身体细胞在缺乏外力协助时还能运作。事实上，科学家现在开始认识到，切换基因开关的关键在身体外面。

细胞质是构成体内每个细胞的胶质，包裹在半透明的细胞膜里。细胞膜的三层结构，其作用就像小型旋转门供其他分子进出细胞。无论分子是部分还是全部通过，都由细胞膜决定。这些看守门户的蛋白质有些被称为"受体"，它们的功能就像天线，可从其他分子处取得外部信号，并转发信号给效应蛋白来改变细胞的行为。

细胞膜含有几十万个蛋白质受体开关，可以通过切换特定的基因开关来调节细胞功能。但如同杰托所发现的，导致开关转换的是环境信号，包括空气、水、食物和我们接触到的有毒物质，甚至是我们周围的人。环境信号转而侵袭DNA双螺旋的化学保护层（或称甲基化），使之对环境更为敏感，特别是在生命初期。在这个过程中，四个原子的甲基团附着在特定基因上并传送信息给它，使之静默化，减少其表现，或者以某种方式改变其功能。

表观遗传学开启基因研究的新领域

科学家通常称这种配置为"表观基因组"，过去认为这种配置只负责细胞分化，尽管每个细胞携带的DNA一样，但某些细胞会变成鼻子，而另外一些却会变成手臂。刺豚鼠的研究证明，"表观基因组"真正的功能是作为身体内外之间的接口，以及充当基因对环境信号的解译器。杰托和沃特兰研究的维生素B补充剂，其作用就像甲基供体，造成甲基团更常附着在胎鼠的野鼠色基因上，因而关闭其表现。这个信号发生在基因外面，且不改变基因的序列，也不以任何方式干扰基因编码。这表示，身体之外的众多影响控制着基因和基因表现的强弱程度。

从细胞的层次来看，人与动物的细胞是无法分辨的。我身上40万亿个细胞中的任何一个，只要去掉细胞膜，就可以成功移植到你身上。也就是说，倘若细胞没有和环境的交互作用，就不会有个体特征。外界的影响会决定细胞的表现，以及它对外界的回应方式，可能是顺从，也可能是违逆。生物学家布鲁斯·利普顿在其开创性的著作《信念的力量》中指出，细胞真正的大脑是细胞膜。

过滤外界的影响来控制细胞的不是细胞核，而是细胞膜，它控制了生物的行为和健康。表观遗传变异和基因的最后表现（或静默），都是环境压力造成的结果。食物、空气和水的质量、家庭氛围、关系状态、生命的满足感等，我们和我们祖先的生活方式的总和，对于基因的最后表现都十分重要。生活中的各个因素，共同决定了我们将会拥有一个怎样的身体。

表观遗传学的发现，标志着我们已从根本上叛离沃森和克里克的中心原则：基因决定我们回应环境的方式。杰托和沃特兰的实验证明，是环境决定了基因回应的方式。我们是由身体外面和里面的事物交互影响所建构而成，身体内外的影响因素维持着微妙的平衡。这样的键结，终其一生，始终存在于细胞内的蓝图里，同时也存在于我们与世界的所有连结之间。就像亚原子粒子，我们的身体并非一个个分离的实体，而是某种关系的最终产物。

麦吉尔大学西夫研究小组的成果

杰托和沃特兰的老鼠研究引发了学界的骚动。他们的成果发表五年后，表观遗传学的论文数量增长了40倍，特别是与遗传性疾病有关的论文。由以色列裔药理学及治疗学教授摩西·西夫领军的加拿大蒙特利尔麦吉尔大学的团队，是这类研究的杰出代表。西夫的实验室拥有5项DNA产品专利，还有1项在申请中，他希望这些DNA配方能改变医疗史的方向。他相信在人类表观遗传组里可以找到治疗癌症的新疗法，即通过甲基化的操作永久关闭癌症基因的开关。

西夫发现癌症的主要标记是甲基化形态的变异，它促使基因让细胞不正常增生，而无法抵抗疾病的侵袭和转移。虽然其他研究人员相信癌症基本上是与基因周围过度甲基化有关，但西夫认为过与不及都会造成问题，比如说乳癌是过度甲基化，也就是将控制细胞生长所需要的基因静默化（使其失去作用），而甲基化不足则往往会启动与快速转移有关的基因。

西夫的研究，明显与当前表观遗传学的主流思想不符。在这个新领域从事研究的科学家，假设表观遗传变异的运作方式类似混沌理论的蝴蝶效应，对初始条件非常敏感，小时候的生长环境若发生微小改变，基因表现将会产生巨大变异，且此后终其一生都不会逆转。然而，西夫在实验室的研究成果证明并非如此。

通过一系列的动物研究，西夫推翻了上述说法。他特意在生命初期将许多不同类型的压力反应程序化到各种动物身上，然后在生命后期通过改变环境从生物体内解除该程序。在其中一项研究中，西夫成功反转了幼鼠因不健康的哺育所造成的异常，他所用的方法是：将有问题的幼鼠交给其他母鼠以正常方式养育。由此可见，表观遗传条件也不再是固定不变的了，老鼠成年之后也可以全面逆转。

像乳癌这种疾病，可能起源自我们内外世界之间的键结，但也不能排除基因内部的因素。在所有类型的癌症中，乳癌的家族病史通常被假设成罹病的最大遗传标记。近年不少医师会劝告有此类特定基因的健康女性采取乳房切除术，以预防罹患乳癌。

美国罗切斯特大学医学中心的几位流行病学家，检查了美国国家卫生研究院赞助的妇女健康促进计划的资料后，对所谓家族病史的普遍观念提出了质疑。最初，这项大型研究是为了评估妇女更年期后使用荷尔蒙疗法对健康的影响。研究进行五年后，执行该计划的资料安全监督委员会突然要求中止研究，因为16000名参与激素替代疗法的妇女，比其他服用安慰剂的妇女，明显有较高罹患乳癌、卵巢癌、中风和心脏病的风险。

对这几位流行病学家来说，妇女健康促进计划的数据无异于是比对遗传型和环境型癌症的金矿。一开始，他们很自然地假设有家族病史的人会有较高的癌症发病率。然而，证据却显示罹癌妇女只和是否采用激素替代疗法有关。特定的基因架构或家族癌症病史，都和这群被试妇女是否罹癌无关。在此案例中，环境压力——定期服用的人工激素是主要的罹癌肇因。

同样会严重影响基因表现的另一种键结，是社会人际关系的质量。西夫检查了有童年受虐史的自杀者，比较其大脑与正常死亡病人的大脑究竟有何不同。虽然两组大脑的基因序列都一样，但自杀组的大脑基因却表现出令人惊异的表观遗传变异。虽然西夫不敢妄下结论，说童年受虐一定会造成表观遗传标记及自杀型抑郁，但环境方面的证据却极具说服力。他的发现，也呼应了多伦多成瘾与精神健康中心在精神分裂症和躁郁症方面的新发现。他们发现患者的神经 DNA 外部产生了变化，这再次表明，精神疾病的肇因是环境而非遗传病史。

改变环境可以弥补动物的基因缺陷

我们用来连结内外世界的键结威力强大，能产生正面效应、抵消不良基因的作用。麻省理工学院皮库尔学习与记忆研究院院长、神经科学家蔡立慧，研究与人类记忆方式相关的神经架构，从中找出了预防大脑退化的方法。1997 年，蔡立慧开始探索表观遗传变异是否可以改善记忆，尤其针对遗传引发的大脑损害。

蔡立慧和其研究团队选择性地繁殖了一组具有名为"p25"特定基因表现的老鼠，"p25"会造成神经退化，最后症状类似阿兹海默症。具有这种基因组态的动物，在学习与记忆方面有严重缺陷，且在极短时间内，随着大脑萎缩和神经元的逐步丧失，这些老鼠很快会变成痴呆。由于研究显示"强化环境"可以改进学习能力，因此蔡立慧决定测试这是否能够应用在大脑已经退化的动物身上。

在第一个实验中，老鼠每次走进笼子的特定隔间就会遭到轻微电击。在第二个实验中，老鼠被放在它们曾经见过但现在被浊水淹没的平台上。老鼠在无法看到平台的情况下，必须纯粹依靠记忆来判断其所在位置。

一般情况下，电击的恐惧经验会产生对事件的长期记忆，就像儿童若曾被炉子烫伤手，日后往往会记得避开炉火。不过，蔡立慧的受测鼠群在两个实验中都没能做到，它们的大脑已经萎缩到一定程度，无法从令人不快的经验中学习，或是从记忆中找到关于某个东西可能的位置。

在下个系列实验中，蔡立慧将被试的老鼠放在一个备有跑步机的游戏空间里，每天更换各种形状和材质的玩具，并放入一群新老鼠。等被试老鼠在新环境待过一段时间之后，研究人员再次进行上述两个实验。这一次他们发现，老鼠记住了电击的小隔间，也记住了淹没在水中的平台。蔡立慧与其同事对被试老鼠的大脑进行研究，发现环境刺激改变了表观遗传的化学标记，以及被称为"组蛋白乙酰化"的甲基团，而甲基团最后关闭了阿兹海默症基因的表现。

这些老鼠实验证明，就算是复杂如遗传所导致的记忆缺陷，基因也并非不可改变。在这个案例中，动物与充满活力的环境产生了键结，并弥补了动物的基因缺陷。

美国塔夫斯大学萨克勒生物医学院的拉里·费格博士和他的研究团队进行了类似的实验，使用的是一群Ras-GRF-2基因被静默化的老鼠，Ras-GRF-2基因也会影响记忆与学习。但这支研究团队的重点，则放在被试老鼠所繁殖的下一代上：他们将母鼠在老鼠"主题乐园"里饲养两个月，让它们拥有正常的学习能力。根据遗传理论，其后代会继承被静默化的Ras-GRF-2基因，特别是当它们是在正常的实验室环境中饲养出来，而不是生活在充满活力的主题乐园里。

但令人惊讶的是，即使没有给予额外的刺激，这些母鼠的后代却出现了正常记忆与学习的迹象。母鼠的生活环境条件影响了遗传命运。

就像刺豚鼠的研究,费格的研究成果意味着生物和所处世界之间的键结,最后也会传递到下一代身上,而不是只有基因密码。对孩子而言,比起"优良基因",母亲的良好饮食和环境是更大的遗产。

亲代的不良生活环境,会影响子代健康

相反的情况也会发生:双亲的负面键结也会深刻地影响下一代的健康。

斯德哥尔摩卡罗林斯卡医学院的预防保健专家拉尔斯·奥洛夫·比格伦博士,针对生活在瑞典极北偏远处、人口稀少的北博滕省的村民进行研究。这处偏远地区在19世纪因不稳定的收成而饱受折磨,例如,1800年和1821年农作物严重歉收,而1802年和1822年却大丰收,导致曾挨饿的居民连续数月暴食。比格伦想知道这些粮食循环对居民后代的长期影响,他在梳理过历史与农业记录后,得出一个结论:曾暴食一个冬季的居民所生下的子孙寿命较短。

比格伦与伦敦大学遗传学家马库斯·彭布里组成了研究小组,一起检验这些结论,他们在英国埃文郡进行大型流行病学研究。在总数超过14000人的研究对象中,研究人员发现166名男性在11岁前(进入青春期和开始制造精子之前)就开始抽烟。彭布里和比格伦检查这些男性的孩子,发现早抽烟者的儿子在9岁时其身体质量指数(译者注:身体质量指数是世界卫生组织建议用来判定肥胖程度的一种简单

方法，指数越高，罹患肥胖相关疾病的几率也就越高）会高于其他男孩。研究小组也发现孕妇在怀孕期间如果体重增加太多，会增加后代罹患心脏疾病的风险。在怀孕这个生命关键时刻，仅仅单一的环境压力就会给后代的健康带来重大冲击。

我们与社群团体的键结质量，也会影响健康

影响力最大的环境因素之一，可能是我们与社群之间键结的质量。美国西北大学的心理学家，检验了社群对抑郁症遗传倾向的影响。过去，标准的抑郁症疗法的理论基础是：抑郁症是大脑中的化学失衡造成的，大部分由遗传所致。

复发型抑郁症的主要遗传因素，与羟色胺载体基因有关。羟色胺载体基因有两个截然不同的种类：短等位基因和长等位基因。顾名思义，短等位基因就像一根短稻草，它是开启抑郁症的重要开关，任何带有这种基因的人会经历连续的生活压力，被认为是严重抑郁症的主要潜在患者。

西北大学研究小组是新兴领域"文化神经科学"的一员，研究各国及社群的心理健康。文化的主要特征之一，是人们如何思考自身与其他社会成员之间的关系以及对于自我的认知——是"个人主义"（孤狼）还是"集体主义"（整体中的小齿轮）。该研究小组考察了世界各大洲国家的文化价值与人民健康之间的关系，着重观察个体对于个人或团体的偏重程度。

概括来说，他们发现西方人是以独特性来界定自己，而东方人则是以被团体接受的程度来界定自己。研究小组负责人、心理学教授琼·焦说："来自美国和西欧等高度个人主义文化的人,更看重独特性而不是和谐,他们更勇于表现,并自我界定为独特的、不同于群体的。"

相反,在东亚等集体主义社会中,更看重社会和谐而非个人,这类文化鼓励互相依赖及促进团体凝聚力的行为和做法。

琼·焦的研究小组有了始料未及的发现:人群关系越紧密,带有抑郁症基因的比率就越高。特别是东亚地区,带有短等位基因的人口高得不可思议,至少有八成人口在遗传上易受抑郁症影响。根据目前的抑郁症遗传理论,这些人口中理当存在着相对较高数目的抑郁症患者。然而,琼·焦发现事实正好相反:在这些高度敏感的人口之中,抑郁症盛行程度明显低于西欧或美国。

上述情况似乎显示,在高度集体主义的文化中,社会支持和期待会减低诱发抑郁症的环境压力。就算是遗传性抑郁症,也能由社会调适来加以控制。

凯恩斯的定向突变

20世纪80年代中期,哈佛大学公共卫生学院的遗传学家约翰·凯恩斯进行的一项实验,掀起了现代生物学的大论战。实验很简单:把一些细菌置于险境。凯恩斯选取有遗传缺陷、不能消化乳糖的细菌,把它们放进培养皿,唯一的食物来源就是乳糖。没有可以消化的食物,细菌眼见就要饿死。

根据正统科学和新达尔文主义的天择观点,这些细菌无法生长,也无法正常繁殖,因为缺少食物来源,无法为代谢提供能量。然而,凯恩斯却发现每个培养皿里都有相当数量茁壮成长的菌落。

凯恩斯检测菌落的基因变异状况，发现那些防止乳糖代谢的基因产生了变化，培养皿中其他新菌落的基因也发生了同样的变化。凯恩斯确信，实验前那些细菌都是乳糖消化不良的。这些细菌通过某种未知的机制，启动了紧急突变来回应极端的环境危机，而这些突变救了它们的命。细菌违背了进化论的中心法则：它们有目的地进行进化，而不是随机地，以便恢复与环境之间的平衡及和谐。极端环境条件以某种方法促成基因变异，让细菌得以消化仅有的食物。

1988年，凯恩斯在著名期刊《自然》发表了他的发现，以古怪的标题"突变起源"表达对达尔文学说的反讽。他在文中解释，生物体内的细胞有能力协调自身的"定向突变"，以快速适应不断变化的环境。凯恩斯曾因发现大肠杆菌基因组的构造和复制，在同侪中声名卓著，但环境改变基因的主张却引发了医学文献对他长达十年的抵制。《科学》对他的研究不予置评，斥其为拉马克式的"异端邪说"。

其他研究者深入观察后发现，在环境压力下，细菌细胞启动了一种特殊的酶，触发细胞DNA进行疯狂复制，这种机制现在被称为"体细胞超变"。如果这些突变基因其中的一个能装配出克服环境问题的关键蛋白质，难以置信的事情就会发生：细菌在其DNA之中舍弃原本有问题的基因，而代之以新基因。细菌可能就是利用这个过程，不断设法骗过抗生素。达尔文所描述的突变是繁殖过程的随机事件，但凯恩斯和其他科学家则证明环境会不断改变生物体，不只通过表观遗传，而且还会直接改变基因。

从根本挑战正统的遗传概念

在发现基因和身体其他部位是动态地与环境交流信息之后，科学家们进一步精炼了凯恩斯的早期想法。芝加哥大学生物化学及分子生物学系教授詹姆斯·夏皮罗表示，基因变异并非偶然，而是通过现在所谓的"自然遗传工程"或"适应进化"，是生物体及所处环境之间不断适应的动态过程。"今天我们知道生物分子与其他分子互动时会改变其结构，而这些结构性改变，包括了与外在环境及细胞内部状态有关的信息。"

适应突变和表观遗传学的最新研究，给认为疾病不过是具有"好"或"坏"基因的传统观点笼罩上了大大的阴影。环境诱因所控制的不仅有基因表现，许多疾病（如癌症、遗传缺陷、痴呆、自杀、精神分裂症、抑郁症及其他精神疾病）似乎都是由外在的影响所引发。饮食、紧密的社会网络及社群联系、有意义的工作、精神动力和无毒无污染的环境，对于塑造我们的身心状况，可能远比与生俱来的基因更为重要。然而，杰托、西夫及埃文郡研究小组的成果，并不局限于健康和疾病的小范围。

杰托和沃特兰的研究，不仅仅与健康和疾病有关，这个小型研究有效地推翻了分子生物学的核心架构——对生物体的主要运作机制的机械论式假设，包括遗传信息至高无上的地位。基因不再被认为是天然的驱动力，因为外在影响就能让其程序完全脱轨。比格伦和彭布里的研究也显示，只要一个世代就能显现出新的特征——不论好坏,这取决于亲代与其生存环境之间的关系。生物与所在世界之间的键结、人我之间的关系,以及我们与环境的关系,都具有更大的遗传力量。这些信息彻底推翻了正统的进化观念:进化不是随机的事件,而是合作的过程,是一个生物与其所在世界之间进行微调且不断寻求和谐的过程。

此外,表观遗传学和适应进化也显示了一些值得注意的事情:关于我们身体成形的方式。生物及其所在环境的关系是一种双向持续进行的对话,而且大部分对话早在我们生命初期就设定好了,它是一种动态的、不稳定的,甚至是可逆的关系。我们是内在与外在影响、早期和后期程序的脆弱平衡,时时刻刻都会因受到影响而转变。

这就留下了一个让人不安的问题:何处才是"你"结束而宇宙其他部分开始的地方?如果你将自己与宇宙的每个互动都内化并加以改变,包括你吃的所有食物、你碰到的每个人、你去过的每个地方,那么所谓的"你"究竟是什么?你如何还能认为你是独立自主的一个人呢?

我们认为的"自我",只是经验的物质显现、我们与宇宙键结的总和。我们和世界的互动是一种对话,而非独白,被观察者改变观察者,正如观察者改变被观察者一样。目前我们认识到,这些影响并不限于我们眼前的环境,甚至地球本身,也可能发生在宇宙最远的角落。

本章摘要

杰托与沃特兰的刺豚鼠实验

- 母鼠的环境和后代的身体改变之间,具有明显的因果关系。
- 找到环境与基因学的连接之处。
- 通过改变外在环境,可以直接改变基因。

沃丁顿的表观遗传学

- 不是只有基因密码才能传递给后代。
- 生物对环境特别是压力因素的回应,不仅会影响发育,还会变成遗传的一部分传递给下一代。
- 亲代的经历,会影响到下一代的基因表现。

麦吉尔大学西夫研究小组的成果

- 通过甲基化的操作,有望关闭癌症基因的开关。
- 生物对环境压力的反应会改变基因表现,并通过表观基因标记遗传好几代,但当环境压力解除了,这个标记会逐渐消失,让DNA再恢复到原始程序。
- 社会人际关系的质量,是另一种会严重影响基因表现的键结。

麻省理工学院神经科学家蔡立慧的研究成果

• 环境刺激改变了表观遗传的化学标记，最后关闭了阿兹海默症基因的表现。

• 基因并非不可改变的定数，即便是复杂如遗传导致的记忆缺陷。在其实验中，动物借助与积极环境的键结，成功弥补了原先的基因缺陷。

西北大学研究小组的发现

• 人群关系越紧密，带有抑郁症基因的比率就越高。

• 在高度集体主义文化中，社会支持和期待会降低诱发抑郁症的环境压力。

哈佛大学遗传学家凯恩斯的定向突变

• 细菌面对环境压力时，能够选择要发生哪种突变。

• 突变不像达尔文认为的是随机事件，生物会随着环境改变并进行有目的的进化，以便恢复与环境之间的平衡及和谐。

结论

1. 进化不是随机事件而是合作的过程，是生物与外界之间进行微调、寻求和谐的过程。

2. 食物、空气和水的质量、家庭气氛、关系状态、生命的满足感等，所有我们和我们祖先的生活方式总和，对于基因的最后表现十分重要。

3. 我们是由身体外面和里面的事物交互影响、建构而成，身体内外的影响因素维持微妙的平衡。这样的键结，终其一生都存在。

4. 就像亚原子粒子一样，我们的身体并非一个个分离的实体，而是某种关系的最终产物。

5. 饮食、紧密的社会网络及社群联系、有意义的工作、精神动力和无毒无污染的环境，对于塑造我们的身心状况，可能远比与生俱来的基因更重要。

6. 生物与所在世界之间的键结、人我之间的关系，以及我们与环境的关系，都具有更大的遗传力量。

7. 我们和世界的互动是一种不断的对话，通过对话彼此互动、影响。

第三章　别错估了我们与宇宙的亲密关系

地球、地球居民以及我们四周所有的行星都存在于一个集体影响的球体之内，齐声共振。只有当我们能从整体上看待键结，认识它的高度关联性，视之为一种超个体时，我们才能开始掌控自己的命运。

1922年，年轻的白俄罗斯科学家亚历山大·奇热夫斯基提出了一个古怪的学说：社会动荡、战争或革命等人类历史的大变动，全是由太阳活动引起的。这个非凡的主张被写入了他的第一本书《历史进程的自然因素》，全世界马上一片哗然。这位时年25岁的宫廷男高音的后代、世袭的勋爵，就此玷污了他的贵族血统，沦为布尔什维克党的笑柄，他们贬抑地称他为"拜日者"。奇热夫斯基以这个被视为荒谬的想法为基础，提出将俄罗斯从腐败的沙皇统治中解放出来的革命，与该国无产阶级的思想或动机关系较小，其主要是由太阳黑子的活动引起的。

人类的战乱与太阳黑子有关

此后多年，奇热夫斯基失去了科学界的信任，尽管他得到诺贝尔奖得主、作家马克西姆·高尔基的支持。奇热夫斯基就像科学界的达·芬奇，仍倔强地继续他的研究，试图找出生物学、物理学、地质学和太空天气（译者注：太阳喷射出的数亿吨电浆，在太阳系中形成带有磁电的太阳风暴，这些现象所造成的影响，就是所谓的太空天气）之间的关联，当时他的同侪还看不出其间有任何关系。他煞费苦心地研究包括他自己国家在内的71个国家近2000年来的历史，将所有大小战役、动乱、暴动、革命和战争的记录与太阳黑子的活动逐一比对。他的说法获得验证：人类的骚乱事件有3/4以上都发生在太阳最活跃的时候（太阳周期中太阳黑子数量最多的时期，称为太阳极大期），包括1917年的俄国大革命。但是，这种宇宙联系的机制还有待释疑，对此，奇热夫斯基也有个理论：我们和太阳的宇宙脉动之间的关系，可能是由空气中的离子（或称为过量电荷）进行调解。

奇热夫斯基受到法国物理学家让-雅克·德·奥尔图斯·德梅朗的影响。德梅朗发现他有株植物每晚会在同一时间收拢叶子"睡觉"，就算是放置在漆黑处也一样。这个奇特的活动机制就摆在德梅朗的面前，但当时他也没能找出原因。尽管他写了一本探讨北极光的书，却没想到太阳活动和磁力可能是他那株植物产生这种活动机制的原因。200年后，奇热夫斯基很快就了解了其中的关联。

因为奇热夫斯基对空气离子化的贡献，苏联政府最后还是为他提供了一间实验室。斯大林对奇热夫斯基的理论一点都不感兴趣，1942年，斯大林要求这位科学家收回有关太阳影响人类的说法。

奇热夫斯基拒绝了斯大林的要求，随后被遣送到乌拉尔山的古拉格。他在劳改营待了八年，在哈萨克斯坦获释后，又过了八年才得到平反，此时的他身体衰弱，健康严重受损，剩下的日子只够重拾名声。20世纪60年代中叶，就在他过世一年之后，苏联科学院打开了他的研究档案，奇热夫斯基研究工作的全面性及前瞻性终于重获重视。奇热夫斯基在死后成为英雄，一个科学中心以他的名字命名，在最显眼的地方装上了奇热夫斯基"吊灯"，也就是早期的空气离子机。

然而，要彻底了解奇热夫斯基所做的工作，还需要世界各地许多科学家持续研究多年。美国经济学家爱德华·杜威是少数继承奇热夫斯基事业的人，但他主要将理论用于解释经济周期，帮胡佛总统免除了大萧条的罪责。一直到20世纪70年代，生物学家弗朗茨·哈尔伯格和其同事、比利时物理学家热尔梅娜·科内利森的研究，才终于让主流科学界开始了解人类对太阳变幻无常的活动依赖到了什么程度。

控制人体自然作息的时间生物学

哈尔伯格和科内利森专注于研究生物周期，也就是生物学中的重复模式，他们是"时间架构"问题专家。哈尔伯格毕生致力于研究外在环境对生物的影响，1972年他指导年轻的科内利森攻读博士学位，后者的博士论文以时间分析为主题，旨在寻找事件在固定间隔中重复发生的模式。哈尔伯格发现，几乎每种生物过程似乎都在按照可预测的时间表运作。最初，哈尔伯格用自创的"昼夜节律"一词来表示每日的生物节律，如人类"睡眠－清醒"的周期，最后，他总结出"时间生物学"一词来表示生物功能的循环周期。他创建的明尼苏达大学"时间生物学实验室",是世界一流的研究此现象的机构。

哈尔伯格和科内利森发觉他们举目所见,到处都有新的循环和周期。经多年仔细研究,两位专家发现每个生物的生物过程不仅包括每日节律,还有每周、两周,甚至每年的固定周期:人类的脉搏、血压、体温和血液凝结、淋巴循环和激素循环、心跳变化及其他人体的大多数功能,全都按照相对可预测的时间表起落和流动。此外,哈尔伯格证明,大多数人的血压似乎会在正午和下午四点之间达到最高峰。即使是化学疗法等药物治疗的效果,也会随着时间的不同而出现变化。

生物体内的机制,以及是否有所谓的"时间基因"的存在,已经困惑了科学家很多年,哈尔伯格最后同意奇热夫斯基的结论:许多生物过程的同步器并非建在生物内部,而是一种"环境时钟",由某些外部环境信号启动、调节或同步化所有生命系统的生物节律。哈尔伯格认为这个名词还不够精确——许多节律似乎不太规则,直到80多岁时他才找到环境时钟存在于外层空间的证据,而且主开关并不是光,而是如奇热夫斯基所预测的,是太阳磁场。

哈尔伯格认识到奇热夫斯基的发现已经超越了周期性和循环,因为他揭开了人类生存条件的惊人事实:我们并不是完全由个人的命运,尤其是生物命运所掌控。影响我们生理状况的因素,并不仅限于眼前的环境,也不只是地球本身,而是可以延伸到宇宙最远的角落。现在全世界许多科学家也纷纷证明，每个生物用来设定基本调节系统及维持健康平衡状态的节拍器，就是太阳。宇宙的环境时钟如此强大，可能影响我们的身高、体重、寿命、精神状态、暴力倾向，甚至还可能包括被我们认为独一无二的个人动机。我们最终极的环境键结，形塑我们及我们的生活的，是 1.5 亿公里以外的那颗恒星。

电磁场对生物过程的影响

地球本质上是一块巨大的磁铁，北极和南极是磁铁的两极，周围是甜甜圈形状的磁场。这个环绕地球的磁场又称为磁层，受到天气、地球地质变化，甚至地球自转的影响，但是最特别的影响是太空天气的无常变化，而这大都是由太阳剧烈的活动所造成。

这颗恒星是地球所有生命的起源，它基本上是一团热到无法想象的氢和氦，体积约是地球的 100 万倍，交错着一层不稳定的磁场。可以预料，这个多变的组合引发周期性火山式喷发，将气体像高度集中的漩涡——太阳表面名为"太阳黑子"的黑斑——一样喷入太空，并将其以新的排列方式重新连接。除了这个通常无规律可循的组合，其他的太阳活动还是按照可准确预测的时间表进行的，一个太阳周期约为 11 年，在此期间，太阳黑子增加、释放并开始减弱。

在增加阶段，由于太阳黑子的积累，太阳开始朝我们猛烈掷出爆炸的气体：太阳耀斑、带电如子弹一样的高能质子、太阳磁暴（日冕物质抛射）——10亿吨的气体及威力相当于数十亿颗原子弹的磁场，借由太阳风的带电气体升空朝向地球袭来，时速约每小时800万公里。这个活动在太空中会造成猛烈的地磁风暴，在太阳剧烈活动的时候，会对地球磁场产生强大的影响。在任意一个为期11年的太阳周期里，我们将遭遇持续2年的地磁风暴，猛烈程度足以扰乱地球的部分电力供应，干扰高科技通信系统，并使宇宙飞船和卫星导航系统迷失方向。

直到最近，科学家还对地球微弱的磁场（不到U形磁铁的千分之一）对基本生物过程有所影响的说法存疑，尤其我们当今的生活高度依赖技术，如今地球上所有生物随时都会暴露在更强的电磁场中。但最新发现指出：生物体有一扇小窗口可让微弱的地磁和电磁场（如地球所产生的那些磁场，而不是科技产生的人为磁场）通过，并对生物体内所有细胞运作产生显著影响。这种微弱电荷的改变，特别是那些极低频（低于100赫兹）的电磁，明显影响了生物体内几乎所有的生物过程——特别是身体的两个主要发动机心脏和大脑。

科内利森不认为这值得惊讶。"我们知道地磁风暴何时到来——通过我们的电力网络。"她说，"电路会回应它，而心脏、大脑和神经系统亦然。事实上，心脏是身体最大的电力系统。"依她所见，人类就是另外一套卫星系统，更易受太空电子风暴的影响而变得不稳定，甚至被吹离航线。

磁场是由电子和带电原子（称为离子）的流动产生。当磁力改变方向时（这在太阳表面经常发生），就会改变电子和离子的流动方向。包括人类在内的所有生物，都是由相同的基本物质构成，如奇热夫斯基凭直觉判断的那样，任何磁力的改变都将改变我们内在的原子及亚原子的流动。

地球的磁场活动对我们细胞膜和钙离子通道（钙离子对调节细胞内的酶系统具有不可或缺的作用）的影响似乎最直接。特别的是，地磁磁场的目标似乎是交感神经（起于胸腔和腰部脊髓处），这其中包括"战或逃"的反应。

在所有受影响的身体系统中，太阳活动及地磁条件的改变对于心脏活动干扰最为明显。敏感的人可能会因为地磁风暴而心脏病发作。健康心脏的心跳速率变化幅度很大，但是大量的地磁活动会抑制心跳速率的变化，因而增加冠心病和心力衰竭发作的风险。在地磁活动增加时，血液会较为浓稠，有时候浓度加倍且血流减慢——这是心脏病发作的原因。心脏病发作的频率和心血管疾病死亡案例，随着太阳周期性磁活动的增加而提高，而在地磁风暴当天，心脏病发作猝死人数达到最高。哈尔伯格曾研究多年来明尼苏达州居民心脏病发作频率的数据，发现这一频率在太阳活动极大期间增加了5%。此外，太阳风的剧烈变化似乎也会影响人类的心跳速率，尤其当太阳以7天为周期改变速度时会放大此效应。

太阳活动对大脑与神经系统的影响

苏联政府对奇热夫斯基的死深表痛惜，似乎是为了弥补对他的迫害，俄罗斯成了这项研究的尖兵。一开始，苏联科学家想要了解的是太空天气对宇航员的影响，他们发现宇航员发生心跳停止的状况,通常是在磁暴期间。此外,他们还发现自愿受测者在地球上的最健康心跳速率(也就是变化幅度最大),发生在太阳活动最少的时候,而在磁暴期间,心跳速率变化幅度减低。

除了对心脏的影响,太阳对身体其他电力中心(大脑和神经系统)也有显著的影响。苏联科学家甚至在健康的被试者身上发现,大脑在磁暴期间的电活动性会变得高度不稳定。太阳活动也会造成神经系统内部信号传送的错误,有些部分会过度活跃而其他部分却无法发射。位于巴尔干半岛巴库市的阿塞拜疆国家科学院的科学家证明,地磁活动的大混乱似乎扰乱了大脑电通讯系统的平衡,某部分自律神经系统会过度兴奋而其他部分的活动则会减弱。

当太阳风暴发生时,在某种意义上,我们的身体也发生了同样的情形。太空中的地磁活动会扰乱我们的能量平衡,精神稳定性会受到严重影响。磁暴期间,精神会躁动不安,甚至更严重。地磁活动越强,精神疾病患者越多,因神经系统问题而住院的病人数量越多,尝试自杀的人数也会增加。美国整形外科医师罗伯特·O.贝克尔进行过无数次电磁场对健康影响的实验,他发现剧烈的太阳风暴和精神病院收容病患人数之间有所关联。

数年前,哈尔伯格、科内利森与许多神经科学家携手合作,一起研究自闭症是否受到地磁因素的影响。当时并未观察到自闭症有季节性变化,比如说冬天出现的自闭症儿童个案并不比春天多。不过,当哈尔伯格和其同事将自闭症的发生率和太阳活动进行比对时，却发现1.9年的地磁周期，明显会影响孩子与母亲之间的键结和亲密度。行星威力如此强大，甚至影响了母爱。

以加拿大劳伦特大学的研究为代表的实验则证明，地磁扰动会引起癫痫发作或加剧症状。因癫痫或婴儿猝死症所造成的突然死亡，也与地磁活动高峰有关联。在一项研究中，研究人员发现，在癫痫病患发病的日子，受地磁活动影响的地球磁场明显增强。

科内利森的个人专长是"看不见的周期"，即太阳风或太阳位置随季节而发生的变化。以二分点为例，太阳似乎与地球赤道在同一平面上，昼夜长度几乎相等。科内利森在精神疾病及癫痫病例中，发现了许多与太阳周期相关的标志：癫痫在春分点较明显，而自杀和抑郁症则依循1.3年的周期，这些都呼应了太阳风和行星际磁场的正常周期。甚至连交通事故的发生频率，也按照太阳季节的变化而起落。

科内利森的研究还有其他证据支持。澳大利亚墨尔本大学进行的一项自杀研究，比较了澳大利亚1968年至2002年间的自杀数据与每日的地磁活动指标。他们发现数据中的性别差异值得关注：男性在自杀时间上出现了显著的季节性变动，这呼应了太阳活动；而女性似乎更易受星系的影响。在强烈的太阳耀斑（每5个月发生一次）或太阳风期间，男女都更有可能自杀。

哈尔伯格相信甚至连出生的统计资料——出生体重、高度、头胸腹周长——都与太阳周期（太阳完整的22年周期）

的起落和变动有关：出生时太阳活动越活跃，新生儿的体型就越大。

哈尔伯格身为医生，对时间生物学的主要兴趣在医学方面。他个人认为，我们面对外在的环境时钟貌似无能为力，但这其实是值得欣慰的事，如果类似的模式可以预测，就能通过代偿性行为来亡羊补牢。例如，心脏病发作之后的心脏感染，在已知地磁干扰会提高感染风险的前提下，危险的病人可以先补充抗生素，占领先机。

为了达到这个目的，哈尔伯格、科内利森及明尼苏达研究中心建立了一个庞大的多中心计划 BIOCOS（生物圈及宇宙计划），通过持续监测容易受太阳或其他行星影响的生理变量，建立早期预警系统。例如，明尼苏达州双子城附近的凤凰移动式血压监控计划，为志愿者提供移动式血压计，让高血压患者可以监测太阳活动高峰对脉搏的影响。此计划的主要目标是降低心跳速率变化和昼夜血压高振幅波动，或避免血压在一天中的某个时刻急剧变化。在地磁活动高峰期间，可以预先警告心脏病患不要突然用力。BIOCOS 还计划开发一些技术，作为抵御地磁干扰的屏障。

尽管计划进展顺利，哈尔伯格却担心要花更多时间才能让现代医学界接受"太空天气对我们的生理状况有强大影响"这样的观念，也担心自己耗尽余生却一无所得。

俄罗斯是唯一在这种预防医学上认真尝试的国家。在佐治亚理工大学的一间房间里，三组亥姆霍兹线圈制造了一个强大的磁场。尤里·古芬克尔和其同事希望这个装置可供心血管病患使用，特别是那些住在加护病房的重症患者。在此，亥姆霍兹线圈被用于预防医学，提供屏障来对抗那些比饮食、生活方式甚至基因更强大的杀手。通过建立这些早期预警系统及地磁屏障，科学家已公开承认我们的健康（甚至是体型大小）完全视太阳的"兴致"而定。然而，这也表明我们的行为是多么依赖于我们与太阳的键结。

太阳活动与人类的行为

晚年时，哈尔伯格转而专注于为奇热夫斯基的假说"太阳影响人类心脏的变化"寻找证据。哈尔伯格和科内利森意外取得了"耶和华见证人"活动前后约50年的全球数据，其中记录了103个地区的每个成员为教会征集新成员所花费的时间。因为每位耶和华见证人都想帮教会吸收新成员，他们的活动记录为哈尔伯格和科内利森提供了独一无二的机会——研究这些教徒的卖力行为是否与太阳活动相关。

两位科学家将资料绘制成图，发现征集成员的成果以21年为周期形成了巨大的高峰和低谷，直接对应到太阳21年黑子活动周期的高峰与低谷。他们更仔细地检视资料，比较不同地区的教堂会众与对应纬度的太阳活动。这些资料再次完美地与地磁活动的起落重叠。这是令人信服的证据，地磁活动可能影响与动机相关的大脑区域，正如它影响身体功能、身体尺寸及发育一样。

哈尔伯格的例子，启发了其他研究人员重新研究花钱或存钱的倾向是否也受太阳活动的影响，经济学家杜威在大萧条时期就曾有过这样的主张。早期的研究证明，地磁风暴对人类情绪有明显影响，而这与对投资风险的判断和决策有关。理所当然，对银行短期利益来说，最重要的是太阳活动对股票市场的潜在影响，如果贷款机构能够预测出基本上是投机的赌博行为，就可以等着"通杀"。为了进一步检验，亚特兰大联邦储备银行与波士顿学院携手，研究人们在地磁活动周期内的买卖行为。他们发现，在地磁风暴期间，人们会倾向于卖出股票。他们往往将自己身体对太阳活动的不良反应，误解成经济情势不佳的外在证据。结果，无风险的资产需求大量增加，导致风险较高的企业股价暴跌或上涨趋势较慢。

认识到市场的季节性循环和其他各类环境与行为因素也会影响市场之后，亚特兰大联邦储备银行研究小组推断：地磁风暴对下一周全美股市的股票收益有负面影响。另一方面，在太阳活动的平静期，证据则显示会有较高的收益。

旧金山的证券分析师协会需要进一步确认的是：太阳活动是否也支配了金融的繁荣与萧条，特别是人们是否会被所谓的集体情绪所控制而疯狂买股或看坏行情。分析师发现，金融危机以56年为一个循环周期，而此循环则是跟随着月球和太阳的可预测周期，即当太阳和月球之间的角度（0°~180°）重复在一个角度以内。

在美国9·11事件之后，哈尔伯格、美国和俄罗斯的跨国BIOCOS团队转而关注恐怖主义事件，他们将过去40年（1968~2008）国际恐怖主义的活动时间与太阳活动进行比对，发现恐怖主义的活动高峰，完美地符合太阳风和地磁指数（译者注：描述每一段时间内地磁扰动强度的一种分级指标）的循环周期。

在奇热夫斯基因其疯狂理论而被送进古拉格的90年后，哈尔伯格与俄罗斯人一起证明了他的理论可能不无道理。哈尔伯格和美俄国际团队现在终于意识到，生物学和行为不是完全孤立的，所有生物都以各种方式与宇宙产生共鸣。

连环凶手"山姆之子"与月亮盈亏

1976年7月29日凌晨，一名18岁男孩从他的黄色福特轿车里冲出来，从纸袋中拿出a.44口径的左轮手枪，蹲下并向唐娜及茱蒂两名少女开枪。她们刚在迪斯科舞厅玩了一夜，正坐在停靠于佩勒姆湾的茱蒂的车上。结果茱蒂受伤，唐娜当场死亡。

纽约警局第八分局获报赶往现场处理时，以为是求爱被拒或受到暴徒攻击。接着10月、11月及翌年1月皇后区又接连发生枪击事件，弹头比对后发现有相同的特殊标记，警察知道他们要找的是一名连环杀手。

在凶手主动投书提供线索，媒体为之取名为"山姆之子"后，纽约警方和媒体详细列出了六个连环攻击事件相似的作案手法。其中一封给警察的信留在了犯罪现场，另一封则邮寄给《纽约每日新闻》的专栏作家吉米·布雷斯林。"山姆之子"专挑车上的年轻情侣下手，只在周末凌晨出击，狩猎地点是布朗克斯区和皇后区的情人巷。"山姆之子"似乎偏爱深色长发的年轻女性，人心惶惶之下，有人剪短头发，有人干脆戴起金色假发,直到罪犯第一次犯案一周年的两天后,又有一名金发女孩丧命。这时,人们才发现被害人选似乎是随机的。8月1日,《纽约邮报》头条新闻说"因山姆之子而人人自危"。

"山姆之子"的作案手法还有个独特的模式没被注意到:八次攻击中有五次是在满月或新月期间发生。

凶手戴维·伯科威茨落网后,总共被判六个终身监禁,有些警察及作家(如《最后的邪恶》作者莫里·特里),仍然深信伯科威茨与邪教有关联,故意选择特定时间作为仪式的一部分。

伯科威茨是单独作案,多数警察对于他选在月亮周期的特殊日子作案并不感到惊讶。因为在街上巡逻的警察,一向认为满月和新月会引出人们邪恶的一面。因此在这些日子,警察都会做好心理准备,迎接更高的犯罪率及更多的报案电话。不仅如此,在这些特殊日子,精神病院有更多的收容率,医院有更高的急诊人数,而老师有应付不完的捣蛋学生。

都是月球症候群惹的祸?

月亮似乎会让人情绪不稳定,这已经是个普遍的认知,一般认为在月亮周期的特定日子,谋杀、交通事故、意外中毒、自杀,都比寻常日子多。迈阿密的心理学家阿诺德·利伯比对了戴德郡15年内的谋杀案发生时间及月亮的活动,发现该郡的凶案数据在满月或新月时会显著提高,而在上弦和下弦月前后则明显降低。根据英国1997年至1999年某城市急诊室的资料,动物咬伤人的事件也在满月时更常发生。

对精神疾病的影响被认为是依循相反的起落规律——在新月时最高，而在满月时最低。在一项针对近19000名精神病患长达11年的研究中，病患发病几率在新月期间到达高峰，在满月期间最低。自杀也依循着这套模式：连续追踪两年自杀预防中心的紧急电话后发现，最高的来电数字都在新月而非满月的日子。甚至还有人认为，所谓的"月球症候群"会影响出勤率。研究也显示，满月期间去医院看病的人会比平常日子多。

但是，并非所有研究都能找到如此简洁的关联，而且取得的数据也可能有问题，例如，研究人员只寻找一种简单的关系（如只有满月的影响），而真相可能复杂得多。

目前普遍接受的观点是：月球的影响力源自于太阳和月球之间的引力效应，就像潮汐一样，也就是说，因为我们体内高达75%的成分是水，因此月球对我们的影响就像它对海洋一样。然而，潮汐是可预测的，每12个小时就会发生一次，但月球效应则每个月仅发生一次或两次。

科内利森表示，最可能的解释是不易察觉的地磁效应。满月期间，地球位于月亮和太阳之间，两者都进入地球磁场之中；新月期间，位置相反，月球位于地球和太阳之间，且距离地球磁场最远。似乎是月球的位置会放大或抵消太阳及地球磁场的地磁引力。朔望月（译者注：月相变化的周期，也就是从朔到望或从望到朔的时间，约29.5天。而太阳自转周期为25.38天）只比太阳自转一圈多几天而已，记住这点或许会有所帮助。

如果我们把月亮当成一块可以改变太阳地磁影响的巨大磁铁，一切就合理多了。事实上，月亮或许真的是一块磁铁。阿波罗登月后带回来的月球样本，已证明月球的岩石中含有强力磁场。如果月球本身具有强大的磁力，在它通过地球磁场"尾巴"的时候会造成磁移位，时间就在新月期间。

其他天体对我们的影响

太阳和月亮，并不是唯一会影响我们身体和精神活动的天体。几年前，多伦多大学物理学家杰里·米特罗维卡与巴黎地球物理学院的亚历山德罗·福特在声望卓著的《自然》期刊共同发表了一篇论文，两人通过数学计算与仿真，发现地球形状和自转轴的微小变化，受到太阳系其他行星的引力影响，特别是木星和土星。

这篇论文颇为艰深，我在此只摘录两位物理学家的重大声明："我们率先证明，地球形状的改变若再结合其他行星的引力效应，会导致地球气候的巨大变化。"米特罗维卡的数学模型，证明了地球轨道受到土星和木星的引力影响。他说，在过去2000万年中的一些时间点上，地球曾与木星及土星的轨道发生引力"共振"，最后影响了地球自转轴的倾斜角度。

不管是哪颗行星，引力其实都不大，因此许多科学家并不相信光靠一颗行星就能对地球磁场产生很大的影响。不过，哈尔伯格、科内利森及他们的同事认为，行星引力可以产生"潮汐"效应，不同行星的重力也会与太阳风、太阳和月球的磁场交互作用。这会让磁层出现累积效应，最后在气候和生物学上产生显著的影响。

斯洛伐克的研究人员已经完成"日月潮波"的研究工作，证明地磁活动一如太阳活动，都与癫痫等疾病的发生率有关。

但是天体影响可能复杂得多：所有行星都可能对彼此产生引力，很可能造成非线性的混沌效应。伦敦大学玛丽皇后学院的天文学家卡尔·默里的研究显示，行星是以椭圆形轨道运行，并以特定倾斜角度绕着自转轴转动，其原因必然与各种引力效应有关。两个天体环绕彼此转动的周期固定成规则的数学关系时，两者之间也会建立起共振效应。例如，月球绕行地球的时间，会与地球自转一周的时间相同。其他太阳系的星体，可能以某个规则的间隔互相绕圈，如两倍或三倍于绕自转轴转动的时间。虽然行星之间的关系只会略微减慢或加速转动，但即使最轻微的改变也可能会对天气和生物造成重大影响。当多颗行星排列成行时，引力效应就会加倍，就像太阳、月亮及地球在星食（译者注：从地球上看，一个天体被另一个天体遮蔽的现象）时的情形。

除了引力的混沌效应之外，每个太阳系星体所产生的电磁场效应也会互相作用并影响太阳、月亮，当然还有地球。确实有些科学家相信，地球及其他行星场的影响会引发太阳黑子等太阳活动。当地球位于某大行星的特定方位时，会影响太阳黑子的形成或太阳电浆的爆发。同时我们也知道，地球和太阳之间的行星际磁场，在二分点期间与地球磁场的外层交互作用变多，其主要原因是地球绕自转轴的自旋。

科学家早就知道，当行星彼此间形成某个特定角度（如

90°或180°)时,会影响无线电信号的接收——不稳定的地磁太阳活动也会产生同样的效果。这些细微的互动关系,汇总起来就会对地球产生重大的影响。

以上理论乍听之下令人觉得复杂而深奥,有点像科学版本的占星术,但是如果我们改变对自我的认知,视之为大行星系统的一部分,那就不难理解了。"想要了解地球的气候,显然要将地球当成动态的变化系统。"米特罗维卡说,"同时我们还必须了解,地球在太阳系的地位超出我们以往的想象。"

我们必须形成更大的认知:我们生活在一个由复杂的互动关系与恒常的不稳定性构成的宇宙键结中。生物和地球都不是独立的实体,而是依赖引力和地磁等其他外在力量的能量系统。哈尔伯格认为这种效应就像诗一样规律,他告诉我们,所有活着的生物必须被视为"发电机和磁铁,生活在地球这个更大的磁铁上,也生活在太阳的大气之中……而磁暴会造成城市电力及人类心脏停摆……"

奇热夫斯基的发现和哈尔伯格的证据,其重要性毋庸置疑。假如我们从根本上就受到太阳及其最细微的活动的支配,那么我们自认为自己是宇宙主宰的信仰就是一大谬论。地球、地球居民以及我们四周所有的行星都处在集体影响的范围之内,齐声共振。我们真正的环境时钟是所有行星的集体效应。

最终,除了将宇宙当成一个整体看待之外,我们别无他想。只有当我们从整体上看待键结,认识它的高度关联性,视之为一种超个体时,我们才能开始掌控自己的命运。

通过互相依赖,我们将学会包容整个世界。

本章摘要

奇热夫斯基的前卫理论

- 社会动荡、战争或革命等人类历史的大变动，全由太阳活动造成。
- 太阳黑子的活动与俄国革命有关。
- 人类和太阳的宇宙脉动之间，可能是空气中的离子居间调解。

哈尔伯格和科内利森的"时间生物学"理论

- 首创昼夜节律之说，即我们一般所说的生理时钟。
- 外在的"环境时钟"，启动、调节或同步化所有生物系统的生物节律。
- 太空中的地磁活动会扰乱人体的能量平衡，影响精神的稳定性。
- 太阳活动会影响人类的身心状态与行为。

结论

1. 太阳活动、月亮盈亏，甚至土星、木星等其他星体的排列方式，都与人类的身心状况息息相关。
2. 生物和地球都不是独立的实体，而是依赖引力和地磁等其他外在力量的能量系统。

3. 地球、地球居民以及我们四周所有的行星都处在集体影响的范围之内，齐声共振。

4. 宇宙是一个整体，所有生物彼此依赖、交流与互动。

第四章　我们共享着一组宇宙神经电路

> 虽然表面上我们倾向于争强好胜，但最基本的渴求仍是连结与分享。因为世界不是由孤立的个体组成，我们的心智能力不受身体的限制，我们全体分享着一组共同的神经电路。

1991年，意大利帕尔马大学的神经学家贾科莫·里佐拉蒂在实验室收到一件新仪器，最初他只是将它当成实验室猴子的新玩具。他目前的工作是和一群猪尾猴玩耍，研究小组不断给猴子提供各式各样的娱乐活动，而游戏的关键是要保持拥有一些意外惊喜的元素。里佐拉蒂有个价值六万美元的电动黑盒子，盒子内置一个电动的轮子，电源嵌在球形侧板里。启动盒子时，轮子会随机转动，等到作为奖品的方块、锥体或球落在小架子上时，整个装置会霎时发亮，仿佛有鼓声伴奏。

猴子被训练要保持不动，直到LED灯转成绿色，才可以去抓取奖品。这个东西还必须转移猴子的注意力，让它们无法发现练习的真正目的。猴子头皮上贴的微电极，连着示波器和放大器，以便记录单一神经元的每次发射。这两种仪器让科学家可以从视觉和听觉两种角度来记录神经元的活动，放大器的效果尤其突出，每次当神经元发射时就会发出声响。放大器让科学家能够一边与猴子玩耍,一边记下单一神经元的每一次放电。

反映外在世界的特别细胞:镜像神经元

里佐拉蒂一头乱发,让他有如意大利的爱因斯坦,他是运动科学专家,研究身体的运动系统以及运动系统在认知功能中所扮演的角色。他带领着一组博士后研究生和两位非常优秀的同事——法国著名神经生理学家马克·让纳罗和英国神经生物学家迈克尔·阿尔比布——定期在他的实验室会面,他们的实验目的看似难度适中:将大脑中的正合序列分离出来,生物借此将视觉信息转换成行动。通过对猴子的研究,团队希望能找出在看到至抓到物体的时间里大脑负责控制手口动作运动序列的神经元。当时他们正在研究前运动皮质区的腹侧,也就是大脑负责规划及执行意图的部分:在决定伸手去抓住东西之前,大脑必须先有计划。虽然道理显而易见,但操作却非常困难,需要研究小组在猴子每次伸手拿食物时,记录下神经元的放电现象。

有一天他们打算将一只猴子放进黑盒子里,一名研究人员在伸手放东西到球形中心时,放大器响起哔哔声,这代表坐在他对面椅子上的猴子的神经元放电了。据里佐拉蒂所知,该实验研究的神经元只与运动有关,但因为他们还没让猴子伸手去拿物品,因此他和研究人员都不太相信这个结果,他们一致认为猴子一定有伸手或动手指头的动作。此后几个月,几乎在每次实验的设置阶段都会响起哔哔声,而小组成员每次都认为是仪器本身失误，或是被试的猴子不安分，想提前抓到奖品。

后来，里佐拉蒂再也无法忽视这个怪异的现象了。猴子不可能每次都在出现动机之前，就先有动作。因此，里佐拉蒂决定进行进一步测试，确认猴子是否真有动作。他的小组开始记录来自猴子主要运动皮质的放电，以便随时辨识最细微的动作，同时使用肌电描记技术记录下运动神经元传送给某块肌肉从而引起收缩的每个电脉冲。但是，两组仪器都没有发现任何发出动作的证据。

当里佐拉蒂最终恍然大悟时，自己也吃了一惊：猴子大脑中有一些非常相似的神经元，当猴子意图抓取黑盒子内的物品时会启动，而当猴子只是观察研究人员抓取物品时也同样会启动。

里佐拉蒂通过检查参与运动的其他神经元，开始检验他的假设。这类奇怪的"模仿型"神经元似乎越找越多。并非只有实际动作，运动神经元才会被激活，只是观察别人相同的动作，猴子大脑里也有一组神经元会启动。这个发现让里佐拉蒂为之入迷。不过，如里佐拉蒂的后续研究所知，一旦涉及动作和意图，这些"模仿型"神经元就职司分明了。

如果研究人员完成意图明显的特定动作且目标是猴子能够理解的，特定的神经元就会启动，比如拿取苹果并放进口中，但如果是猴子无法辨识的动作，它就无法启动，比如将苹果放进杯子里。在猴子自己的动作剧本里，意图似乎是必要的。这些神经元似乎是"视听教材"，不只由实际的动作情景来激活，连动作发出的声音也可以达到相同效果，特别是当猴子看不见发生什么事的时候。这让里佐拉蒂确认这些神经元有助于了解他人意图，因此猴子能预知接下来可能会发生的事情。

这个效应不只发生在大脑的额叶下部，也发生在后顶叶皮质。大脑的该部分不仅能帮助理解迥然不同的感觉信息，也能区分自我与非自我。虽然猴子的大脑应该知道观察到的动作不同于执行的动作，但其实际的反应却与想法不同。

里佐拉蒂很快就以人为对象进行了第一次研究。他与南加州大学的神经学家斯科特·格拉夫顿合作，格拉夫顿的实验室拥有当时最先进的大脑成像仪器。他们无法像在猴子实验中那样精确定位人脑内的镜像神经元，因为伦理审查委员会不会允许在人的颅骨上钻洞以便贴上电极。但是，他们可以退而求其次，利用大脑成像技术找出被激活的大脑部位和神经元系统。

在早期的实验中，他们只能利用一种成像技术，即正电子发射断层显像，用以显现特定区域的大脑活动，不过精度只有几毫米。但大脑成像技术的与日俱进，让里佐拉蒂能够利用功能磁共振成像来记录大脑血流最细微的变化，以及用颅磁刺激仪来测量运动皮质区的放电规模，从而更精准地确定神经活动。

但即使当时使用的是最简单的仪器，里佐拉蒂在人体上也观察到了和猴子实验一样的现象：大脑中有一些神经元组，在个体进行某些动作以及观看别人进行相同动作时，都会产生反应。

感同身受的人体机制

这类神奇的"镜像神经元"引发了一个巨大的谜题。里佐拉蒂最初假设这些神经元的激活，是为了让生物学习如何快速行动以便求生。他认为这可能是神经生理学家唐纳德·赫布提出的"赫布学习法则"的一部分。赫布于1949年率先提出：重复不断刺激神经元，会让它们变得更有效率，而且紧密连结成一个整体来运作。

里佐拉蒂想知道，这是否和猴子通过模仿来学习有关。但是，为什么一只成年猴子需要这些神经元当学习工具呢？此外，所有证据都指出猴子不是靠模仿学习的。他请教了一些灵长类学家，却被浇了冷水：黑猩猩会模仿，但猴子不会。幼猴只有一小段时间开启窗口，以便通过模仿姿势来学习。此外，就像里佐拉蒂所熟知的，不管是人类的新生儿还是幼猴都不需指令或练习，就能够马上复制复杂的脸部动作。最好的例子就是当母亲向婴儿伸舌头时，婴儿也能立即做出同样的动作回应，即使这是一个需要许多神经元序列来微妙协调的复杂动作。就连小猕猴也能模仿伸舌头的一整套动作。

里佐拉蒂的结论是，在灵长类和人类的大脑内部，单纯观察与实际做出动作之间并没有分别。要理解我们四周的各种经验，不用亲身经历，只靠想象就能在心里体验。我们大脑有个机制，可以通过观察别人的行为，在我们脑内引发一连串反应，好似我们自己正在做这些动作，并借此来了解他人的意图与动作。

里佐拉蒂知道，他们解答了与理解力有关的神经生物学的某些基础问题，他开始将这种现象称为"镜像效应"，因为神经元有双重目的：驱策肌肉做出动作，同时也注意他人的动作。

里佐拉蒂的研究小组在确信他们揭开了大脑与外在世界连接的一些重要途径后，撰写了一篇理论坚实的论文，详述这一年来的研究。论文完成后被寄到科学界最负盛名的《自然》期刊，但因为内容对非神经科学领域的人来说不够有趣而被退稿。借助个人关系，里佐拉蒂最后设法在《实验大脑研究期刊》上发表了这篇论文。5年后，这篇论文得到广泛传阅和普遍理解，神经学界最具影响力的期刊《大脑》欣然接受并立即刊登了他们原始研究的更新版报告。

年轻的德国研究员克里斯蒂安·凯泽斯是里佐拉蒂的博士后团队成员，当时他刚从圣安德鲁斯大学来到意大利的实验室工作。不久后，里佐拉蒂和凯泽斯就发现，人类利用镜像神经元来读取情绪和动作。当我们亲身经历喜悦、痛苦等人类情绪时，大脑内活跃的区域，与观察他人情绪时活跃的是同一个部位。我们只要观察别人的脸部表情或肢体语言，就能让整串神经元动起来。倘若我们看到有人微笑或愁眉不展，就我们的大脑而言，就像是我们正在高兴或烦恼一样。

在让其一举成名的研究中，凯泽斯监测了一批被试者的大脑活动，这些被试者先嗅闻不同气味的物品，接着观看一段影片：影片中的人正在嗅闻着类似的物品。他发现，不管被试者是自己嗅闻，还是只是观察别人这么做时的面部表情，其大脑被激活的区域都是前脑岛的位置。

镜像神经元不仅要弄清楚观察对象做了什么，还要知道他们的感觉如何，以及这样做的意图。里佐拉蒂发现如果动作意图不明，神经元就会按兵不动。在一项研究中，人类观察者的镜像神经元在观察机器人的动作时也会发亮,但这种情形只在机器人进行定义清楚的工作时才会发生,如果机器人只是一再重复相同的工作就不会发生。

里佐拉蒂的发现,现在已被公认为认识大脑处理他人动作与情绪的一大进展。然而,他的理论对感知生物学及社会交互作用的巨大影响,却少有人深入研究。他的研究成果清楚地告诉我们:世界并不是由孤立的个体所组成,我们的心智能力不受身体的限制,我们全体分享着一组共同的神经电路。我们无时无刻不在内化他人的经验,不需反思且能自动地利用神经速记法,产生我们自己的经验。在人与人的互动上,即便是最表面的层次,我们都涉及最亲密的关系。我们借由观察者和被观察者的不断融合,了解这个世界的复杂性。

"在大多数的社会互动中,人与人回应彼此时,不是单纯的行为者与观察者,"凯泽斯写道,"双方同时是行为者也是观察者,同是镜像神经元系统传递社会感染力的来源与目标。"这意味着,观察他人的行为会自动让我们建立一个键结,在这个键结中,作为主体的我们与观察对象是相互融合的。换句话说,要了解他人,我们必须暂时融入他。

人我分际模糊

除了大脑不可思议的超大容量,我们处理所见所闻事物(特别是其他生物的活动)的方法,也是难以想象的。我们观察他人的动作时,为了要弄个明白,会在大脑里重新创造经验,就像这个动作是自己亲自做的一样。我们必须转译他人的动作、感觉，甚至情绪，使之成为自身的神经语言，就像这所有一切都发生在自己身上一样。无论是感觉有东西碰触自己的腿，看见有东西碰触到他人的腿，还是看到有个东西被碰触时，启动的都是相同的神经元。任何形态的碰触，都能唤醒我们被碰触时与主观经验相关的神经网络。

在猴子实验中，里佐拉蒂认识到，要激活人体的镜像神经元，所观察的活动不能超出观察者本身的运动能力，并必须能从他自己的经验推导出来。比如说，看到狗叼着多汁的肉块，通过我们的镜像神经元就能马上产生连结，但如果看到的是狗对着另一只狗吠叫，就不会产生连结。缺乏镜像神经元"感同身受"的能力，人类的大脑仅能将相近的经验拼凑起来，做出像计算机一样粗略的仿真，看看它在吠什么。

事实上，我们总是以自己第一手的经验来转译和过滤某人的动作，即使那个经验和我们观察的人并不相同。凯泽斯曾经研究一出生就没有手的被试者在观察他人握酒杯时的大脑活动，在这种情况下，激活的并非那些与手部动作相关的大脑与脊髓区域，而是脚趾和脚。天生残疾的人借由自己用脚来握杯子的过程，来理解手握酒杯的动作。这表示视觉行为建立了一个键结——一个包括动作、情绪及自我的复杂混合体。

如果你可以进入自己的脑袋，你也很难看出在与他人互动过程中大脑和神经的运作有哪些指令与你有关，而哪些指令是与观察对象相关。你可能会认为自己是客观的观察者，但你总是透过他人的眼睛在看。你和他人的分际或边界始终是模糊的，因为统筹一切的是一个复杂的神经元混合体，而这些神经元则是由大脑内部和外部共同启动。不带任何意识，你通过自我经验的复杂过滤器，自动在内部重建了他人的动作与情绪。比如，我们正在交谈，一开始你的情绪在我脑中一闪而过，然后我再加入自己的过往经验来酝酿发酵。

我们不仅复制某个动作的程序，还根据过去的经验，仿造所有与其相关的身体和情绪感觉去体会这个动作，如皮肤有刺痛感或感觉到肌肉难以伸展。当我们看到一个运动员正在训练时，假如自己是个讨厌跑步的人，旧情绪就会涌入交融，亦即我们会通过与过往历史的连结，来理解眼前这个经历。

事实上，我们对所观察的动作越熟悉，被激活的镜像神经元就会越多。例如，专业舞者观察其他舞者时，比起不会跳舞的人，会激活更多与舞蹈动作相关的镜像电路。每次我们向外看时，都在捡拾、收纳鲜活的经验，就像把自己喜爱的材料加进新食谱一样。

启动情绪同理心

我们将他人的动作及感受转译成自己的动作和感觉，让我们能立即理解别人的经验，彼此沟通。看着狼蛛爬过007詹姆斯·邦德的胸口，我们身上会产生一种瘙痒感，就某种意义来说，我们不只体会到狼蛛爬过胸口的身体感觉，也包括了由此产生的所有情绪。当电影中的坏人追杀男主角时，我们心脏怦怦地跳，他遭射击时我们会闪避，他获胜时我们欢欣鼓舞，换一种角度来看，这些事也正在我们身上发生。

事实上，一群以色列科学家仅靠研究一群观众的大脑成像记录，就成功还原了血腥动作片中所有暴力画面的正确顺序。

"我对你的痛苦感同身受"，这句话一点都不假。当我们看到别人受苦时，就会激活与痛苦相关的镜像神经元。在一项监视大脑活动模式的研究中，先要求被试者想象自己被针扎，接着让他们观看别人被针扎，科学家发现以上两种情形，都有相同的神经元被激活。不过，感受别人痛苦的能力，似乎与痛苦的情境有关。被激活的神经元制造的是我们对痛苦的反应，而不是肉体层面的痛苦：我们模拟的是情绪经验，而不是肉体的疼痛感。

当你看到处于痛苦中的仇人，虽然可能会从中获得一些满足感，但一开始的反应却是单纯的连结——你将自己放在相同的情绪状态中。"一开始，你理解的是这个人正在痛苦之中，"里佐拉蒂说，"并且会感受到跟他一样的痛苦。"感知的行为是一种瞬间发生的完整连结，不论对象是谁。

现在许多心理学家和神经科学家都认为，镜像神经元是同理心的第一道闪光，而且似乎是一种微调的回馈系统。那些自认为拥有高度同理心（理解别人感受的能力）的人，通常会出现较多的镜像神经元活动。反过来说，当我们调动自己的同理心时，镜像神经元电路就会变得更复杂，这意味着同理心是镜像神经元模仿机制的具体表现。

同理可证，镜像神经元越细致敏感，观察者就越能显现出同理心。葡萄牙神经科学家安东尼奥·达马西奥曾经利用大脑成像技术，探讨情绪在意识中扮演的角色。他要求被试者分别考虑以下三种情境，看看哪些大脑区域会发亮：来自过去的情绪经验；把别人的经验，想象成发生在自己身上；来自过去的非情绪经验。当被试者与他人产生强烈连结时，其大脑区域的活动相当于自己亲历过一般。然而，当被试者无法体会别人的经历时，放电发亮的是大脑中不相关的部分。

人类的大脑是勤奋的模仿者

人类的大脑从诞生开始，就一直不断地在模仿。我们大脑的第一股冲动，就是与母亲的大脑保持一致。美国神经学家阿兰·肖尔博士在"依附理论"方面做出了卓越贡献，他认为胎儿的神经系统会向母亲的大脑学习，母亲的大脑就像是脑波模板，教导胎儿的大脑何时发射和接通，就像教他讲话或使用汤匙一样。最后肖尔博士说："母亲的前额叶皮质成了胎儿的前额叶皮质。"

亚利桑那大学的研究人员找到了证据，脑电图所记录的母亲大脑的活动模式，被编码进入了孩子的脑电图模式中。作家约瑟夫·奇尔顿·皮尔斯也发现，母子通常会发生"脑波调节"现象，两个大脑的电波产生"共振"，两者在一起时同时达到波峰或波谷。当两者分开时，双方的脑波会变得不一致，要等到在一起时才会恢复共振。

终其一生，我们的大脑都在寻找其他有感染力的脑波。我在《念力的秘密》一书中曾提到，大量证据显示，有许多种情况会出现大脑电信号快速同步的现象，特别是当两个人为了共同目的一起做事时。

验证这一点的研究，与某些"发送者—接收者成对实验"

颇有渊源:将两者隔绝在不同的房间,接上脑电图仪等各种生理监测仪器,当其中一个人被某事物刺激(图片、光线或轻微的电击)时,会试着传送刺激物的心智图像给另一方。在不少案例中,接收者会开始模仿发送者在受到刺激时的脑波,接收者的大脑会拾取并模仿伙伴的经历。事实上,接收者的反应在大脑中显示的位置,就跟发送者一样。这种键结是实时发生的,就算是两个陌生人也不例外。仅仅是伙伴关系,就能建立起同步的心智连接。

这种类型的调节和转换不限于大脑。在一系列出色的研究中,位于美国加州佩塔卢马的思维科学研究所发现,当两个被试者之一发送出治疗想法和意图给他罹患癌症的伙伴时,两个人大部分的生理过程——心波、脑波、指尖的电脉冲传导、血流、呼吸——开始彼此模拟。用一个有趣的说法来形容,就是两个身体快速合而为一。我们从其他思维科学研究所的研究中,也得知我们可以读取别人深藏不露的情绪状态。

在某些情境下,身体节奏调节似乎也会发生在两个陌生人之间。通过模仿,我们可以与另一个人连结,例如,治疗者发送能量给病人时,会造成两个人的大脑同步。甚至只是友善的碰触某人,也会让对方的脑波与你的脑波同步。同步情形甚至还会对怀有强烈意志的两个人造成伤害。

生物的通讯方式

除了将外界的经验内化成自己的,我们还通过与环境之间无形且不断的对话来认识这个世界。1970年在研究癌症疗法时，德国物理学家弗里茨-阿尔贝特·波普意外发现了一个事实：从单细胞植物到人类的所有生物，都会发射微量的光子流，他称之为"生物光子发射"。波普随即认识到，活的生物体正是利用这种黯淡的光线作为内部的通讯方式，同时也用来与外部世界沟通。

波普与全球近40名科学家进行了30多年的生物光子发射研究，他们称人体内所有细胞活动的真正指挥正是这种微弱的辐射，而不是DNA或生物化学。他们发现生物光子发射是在DNA内部发生的，在细胞分子内发出各种频率。第一次测量时，波普和其同事使用了能以光子为单位计算光发射的精密仪器，并得到了惊人的发现。当在身体某部位抹上皮肤药膏时，光发射的数目会产生巨大的变化，不只是擦药部位，还包括身体的远侧部位。此外，改变的规模在全身各部位都互有关系。波普很快意识到，他发现了活生物体内重要的通讯渠道——生物体利用光，作为实时、"非定域性"的全局通讯的方式。

波普还发现，这些光发射扮演着生物之间的通讯系统的角色。在包括对人类在内的一些生物体所进行的实验中，他发现个别生物会互相吸收彼此发射的光，并送回波干涉图案，仿佛在进行对话。一旦某个生物体的光波被另一个生物体吸收，前者的光会开始同步交换信息。生物似乎也会与四周环境交流信息，如细菌与培养基、卵的内部与外壳。这些"对话"也发生在不同物种之间，不过相同物种之间的对话最响亮、最清晰。

波普研究小组希望证明，生物体光子发射的测量结果存在昼夜差异，并随着太阳活动而呈现以一周或一月为周期的模式。他独力验证了哈尔伯格研究成果的中心议题——生物始终追随着太阳的步伐。

波普的研究成果显示，我们利用这种细微生物光子发射流，与外面世界建立了一个量子键结。在醒着的每一刻，我们都在接受其他事物的光。

我们是一个不断变化的动态系统

弗莱明、杰托、哈尔伯格、里佐拉蒂和波普等科学家的研究成果看似无关联，但汇总起来却暗示了一个关于生物本质既深刻又异端的看法。他们还证明，认为自己独立于其他事物之外的想法是荒谬的。

科学家越靠近物质的核心，就越了解宇宙最根本的粒子本身并没有什么独特的身份。事实上，在多数情况下，两个或更多的粒子之间是密不可分的，因而可以视为一个集合体。

在亚原子的层面，我们不断交换光和能量，因此从这一刻到下一刻的我们并不相同。我们是一个动态系统，不仅内在会改变，也会通过我们和外在事物之间不断改变的关系而持续变化。

这种建立连结的冲动，整个自然界都大同小异。我们的身体，也是我们认为作为个体最大的特征，是通过我们与环境的复杂互动而产生的，因此不能认为是完全独立的存在。在杰托开创性的发现之后，全新的生物学领域"表观遗传学"出现了，它研究的是来自外界的力量如何塑造我们。尖端生物学家慢慢领悟到，所谓的生物学是外在与内在力量之间的键结,而且大都是由外至内形成,而且这种键结——环境影响的微妙交融——将会传承下去。驱动进化的不只是个体的基因,还有我们和世界的键结。

虽然我们自认为是宇宙中最具影响力的实体,且位于生物链顶端,但新兴的时间生物学却显示,我们和地球上其他所有生物,都不过是巨大、复杂的能量系统中的一环,并受到宇宙行星地磁活动的影响。这是我们与宇宙环境时钟的键结,这种键结主要负责我们的健康、身体和精神的稳定性,也可能包括大部分自以为独特的个人动机。

神经学的新发现,显示我们一直都在寻找融合的机会,通过个人内部的再创造,让我们能理解他人的行为,因此观察者也体会了被观察者的经验。一旦我们和世界搭上线,就算最自闭、最反社会的人也会产生立即的、不自觉的连结。

这些发现令人不安,同时也有人提出了一些质疑:倘若所有事物本质上都只是不断变动的能量场,那么,我们还能认为事物或人是"自在之物"(译者注:thing-in-itself,又译为"物自身",是康德哲学的重要概念)吗?当你深入探讨到最基础的层次,你我当真有可以辨识且不可改变的自我吗?如果我不断地与外界交换和借用能量,哪里才真的是世界的终点和我的起点呢?我要如何肯定地说:这就是"我"?

牛津大学的生物学家安迪·加德纳,曾调查是否有哪个社会群落进步到有资格称为"超个体"。到目前为止,他只找到了两种典型群体:蚂蚁和蜜蜂。这些动物具有高度合群性,能够消弭所有冲突。每只蜜蜂和蚂蚁都能持续、无私地奉献自己，有必要的话甚至可以牺牲生命来保护群落。整个群体为了一个共同目的团结在一起。

　　加德纳认为，拥有蜜蜂和蚂蚁那样高级的社会组织的"超个体"极其罕见，而且只存在于社群内部冲突几乎完全消除的情况下。"举例来说，"他一针见血地写道，"这就是为什么我们不能用这个术语来描述人类社会的原因。"

　　然而，不论我们承认与否，人类就像所有生物一样，都是巨大的跨星系超个体的一环。从亚原子粒子到生物体，乃至星系中最遥远的恒星，所有事物都是不可分割的键结的一部分。

　　虽然我们倾向于争强好胜，但最基本的渴求仍是建立连结。人类就像蚂蚁群落，天生就热衷于团体协作，我们的社会行为，可能比我们所愿意承认的更像蚂蚁。

本章摘要

镜像神经元的综合研究

- 我们大脑内的镜像神经元,就像是镜子,可以通过观看别人的行为,在我们脑内引发一连串反应,好似我们自己亲身在做这些动作一样。
- 激活镜像神经元,让我们能理解别人做某个动作的目的及意图,彼此沟通。
- 在大多数社会互动中,人与人回应彼此时,不是单纯的行为者与观察者,双方同时是行为者也是观察者。
- 镜像神经元的经验重建效应,让我们能产生感同身受的同理心,与他人分享情绪、经验、需求与目标。

德国物理学家波普的生物光子发射研究

- 细胞会发出非常微弱的光,并以细胞中的 DNA 为最重要的储光与发光来源。
- 所有细胞都是借由光来跟内部与外部沟通。
- 光发射扮演着生物之间的通讯系统的角色,生物之间会吸收彼此发射的光,并发回波干涉图案,仿佛在进行对话。

结论

1. 世界不是由孤立的个体所组成,我们的心智能力不受身体的限制,我们全体分享着一组共同的神经电路。

2. 我们无时无刻不在内化他人的经验,产生我们自己的经验。在人与人的互动中,即便是最表面的层次,我们都涉及最亲密的关系。

3. 从单细胞植物到人类的所有生物都会发射微量的光子流,并以这些光子为媒介,作为内部与外部世界的通信系统,让我们与四周进行无形而持续的对话。

4. 我们是一个不断变化的动态系统,时时刻刻都在与外界事物交换光与能量。

5. 驱动进化的不只是个体的基因,还有我们和世界的键结。

6. 从亚原子粒子到生物体,乃至星系中最遥远的恒星,所有事物都是不可分割的键结的一部分。

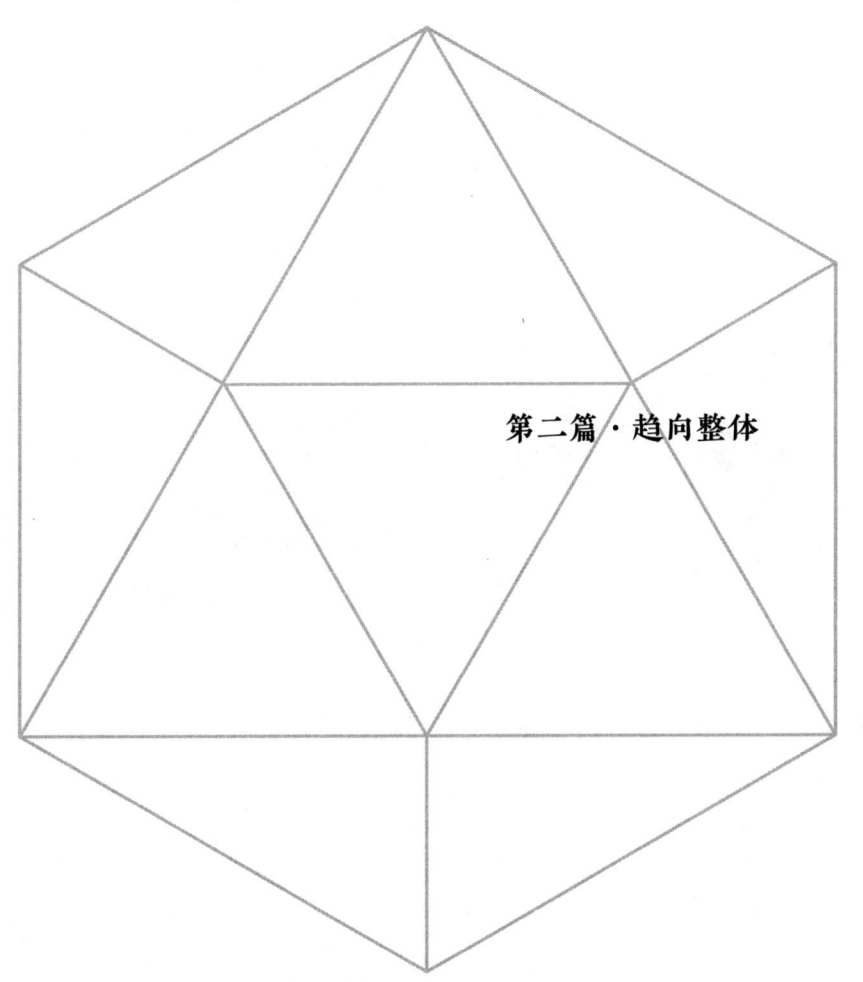

第二篇·趋向整体

在垒墙之前，我就该知道，
圈进来什么，围出去什么。

——美国诗人罗伯特·弗罗斯特
《修墙》

第五章　拉起天线，我们都是发射体

只有当我们和外面所有事物连结在一起时，我们才是我们。每当我们互动时，就会显现深层和自发性的连结冲动，为了满足与他人融合的深层需求，我们不断寻求与他人同步。

在根据俄裔美籍作家安·兰德的作品《源泉》改编的电影中，男星加里·库珀饰演了建筑师霍华德·罗克，罗克被认为是最伟大的现代英雄之一，一个典型的孤胆英雄式的局外人。他炸毁了自己的住宅，不让他的愿景被"二手货"拙劣地模仿。法庭审判时，他只是用毫不妥协的言辞为自己的破坏行为辩护，传达其个人主义的思想。

"创作者为作品而活，不需要其他人。"罗克迅速转身面向陪审团宣告，"我不承认任何人有权利掌握我的生命，哪怕只是一分钟……不论谁提出这种要求，即使他们人数众多或要求迫切……一个人创作的完整性，比任何慈善事业都更加重要。"

在书的结尾，罗克获胜，令人费解地免于牢狱之灾，尽管他炸毁了城市的一个街区。他用自己的方式盖房子，赢得女主角的芳心。在剧终的场景中，他叉开双腿站在自己的摩天大楼顶端，高大的轮廓超出了纽约的天际线，如一座巨像，典型的尼采式超人——想让心脏病发作，这个场景再合适不过了。

兰德将罗克塑造为她客观主义哲学和自由主义理想——绝对地为自己而活——的代言人，通过这个形象来拥护个人至上的理念，但实际上这是一种非常有害的想法。认为我们任何人都能靠一己之力生活下去、单枪匹马与全世界对抗的想法，只是一种假想。我们的生命现象是与周围世界结合的产物，对我们而言，与世界的键结是自发性的，是固有的。正因为有了与外界一切事物的联系，我们才能成为我们。

相似的键结，也控制着我们的社会行为，在人际关系中，我们也创造着超个体。每当我们和另一个人或人群互动时，就会显现出深层的、自发的连结冲动，并且持续不断地在行动、情绪、行为和意见中展现这股冲动。为了满足与他人融合的深层需要，我们不断寻求与他人同步。

连结意志：生命的根本动力

大家都如此教导我们：我们最重要的动力是不计任何代价地生存。德国哲学家弗里德里希·尼采提出：所有人类动机的驱动力是"权力意志"，他认为这比生存意志更基本，也是将宇宙所有事物结合在一起最基本的力量。

不过最近科学证明，我们更基本的需求是对关系的渴求。生命的根本冲动并非是权力意志，而是连结意志。我们与生俱来的本能总是要和他人连结，从个体原子化走向团体的整体化。人类天性的最根本特质，是深层连结而非竞争：我们并不想要孤独地生活和自私地活着。人类存活需要合作关系，当我们孤立于他人或连结感之外时，会遭遇巨大的精神压力和最严重的疾病。所有生命的根本动力，与其说是权力意志，不如说是连结意志。

在任何一个社会中，这个寻求连结的冲动都有以下四个特征：归属的需求、同意的需求、给予（付出）的需求及轮换的需求。这些冲动深植在我们基本的生命现象中，不只体现为我们与最亲近的人之间的连结，也包括我们与所接触的所有人之间的那些连结。

归属感是最根本的需求。人性中的部落群居性根深蒂固，我们在所属的小团体中感觉最舒适。的确，归属的需求如此基本，以至于放逐成了人类最难以承受的处境。前门诺派教徒罗伯特·L. 贝尔形容阿米绪人（译者注：阿米绪人的祖先受到宗教迫害，而遁入其他国家自成一个自给自足的小社群，他们信仰上帝、重视家庭观念，不使用现代工具，过着传统的农居生活，曾在哈里森·福特主演的电影《证人》中出现过）"避世"的做法是"活地狱"。英国寄宿学校的少女用"不语"（整个学期没人跟她们说话）的方式来放逐太过傲慢的朋友，作为终极惩罚，以使她们回到团体中。澳洲原住民了解放逐或避世具有严重到危及性命的力量，因此通常只会在最极端的案例中使用。这种人类最原始的渴求——不要区隔，只要融入，特别是和我们周遭的人——对我们的存在或许至关重要，满足与否是件生死攸关的事情。

自杀与个人的连结失败有关

19世纪末，法国社会学家埃米尔·涂尔干被一个难题所困扰：为什么某些社群的自杀率比其他社群高？犹太裔学者涂尔干是最早用科学方法研究社会的人，他的研究课题是：当种族日趋多样化而宗教整体上式微的时候，社会还能否维持连结和完整。涂尔干率先提出"社会整合"这个术语，甚至在社会学草创的日子里，他就意识到社会结构可对个人施加强大的力量。他特别感兴趣的是社会与个人冲突的情况，以及这如何诱使人们终结自己的生命，并最终将这个思考发展为对自杀行为的经典研究。

即便是今天，仍有许许多多的科学家认为自杀是私事，他们假设因为个人因素而自我了断与所生活的社会毫无关联。事实上，多数在涂尔干提出理论之后针对自杀所做的研究，重点仍然是个人动机。在涂尔干的研究成果中，不出所料，他发现相较于结婚或有孩子的人，缺乏强烈依附的人——没有小孩、单身、鳏寡、离婚——自杀率较高，这不足为奇，因为一般认为如果一个人有心爱的人，就会为了那个人而活。

但令人惊讶的是，天主教徒和犹太教徒的自杀统计相对于新教徒来说，则有很大的差异。一个明显的事实是：新教徒的自杀数，远超过天主教徒和犹太教徒。部分原因或许是天主教的信仰，天主教教义认为自杀是无可宽恕的罪，自杀者将被打入地狱，不得翻身。

然而，这个因素要打点折扣，因为犹太教徒也出现了同样低的自杀率。涂尔干推断，原因应该与天主教和犹太教有较强的社会依附和控制有关，因为大体上，天主教地区和犹太教社群会保持较强的家庭和社会约束。

也有不符合涂尔干论点之处：加拿大魁北克是天主教盛

行的地区，自杀率却异常高，特别是年轻族群。但是，涂尔干认为这与共同宗教崩溃有关。

最后他终于意识到，自杀是社会契约断绝带来的极端反应。因为人们需要强烈依附于所属的团体，那些选择自杀的人，是因为某种原因无法融入社会才不得不这么做。涂尔干提出，自杀的痛苦来自"过度个体化"。换句话说，人们会自杀是因为感到被遗忘，而且无从适应，这令人难以承受。认真考虑后的自杀可以想成是：告别残酷的世界。

即使只是初期的简略研究，涂尔干也意识到，个人自杀问题的解决方案在于修补个人和社会的关系，而不是个人本身。涂尔干的理论在2009年获得验证，美国旧金山联邦储备银行的玛丽·戴利、丹尼尔·威尔逊与美国人口调查局的诺曼·约翰逊合作，调查美国的自杀死亡案例，寻找它和个人收入的关系。他们最初的假设是：在美国任何地区，在收入金字塔的底层都可以找到自杀群体。

乍看之下，收入越少似乎越可能自杀。不过更详细的分析证明这个结论太过草率。的确，收入等级最低的个人，如1990年家庭收入低于20000美元（相当于2006年的31000美元）的人，比起超过60000美元的人有更大的自杀可能性。但是对收入超过20000美元的人来说，收入本身对自杀风险并没有明显的影响。个人所得只有在与当地其他人所得等级比较时，才有影响。

恰巧，美国最富有的地区，也是自杀风险最高的地区。

戴利、威尔逊和约翰逊接着调查这是否和高生活成本、高房价、租房者和买房者的差异、整个州的生活成本、自杀报道的偏差,甚至应急医疗条件不良等因素有关。但以上因素,似乎都和自杀风险无关。他们最后证明,与自杀有关的因素是:拿本身收入与周遭其他人比较。你四周的人越富有,你可能就越难过。

更直白地说,你的邻居每比你多赚10000美元,你的自杀几率就会增加7.5%。

这个研究小组推断,跟别人比较的简单欲望是最可能导致自我伤害的因素。而且基准越高(也就是邻居越富有),居民就越可能因发现自己达不到标准而自杀。

收入忌妒的现象,在欧洲也不遑多让。巴黎经济学院的经济学家安德鲁·克拉克和克洛迪娅·塞尼克指出,欧洲人也在不断和四周的每个人比较,并根据他们所在的社会经济层级来评判自我。欧洲社会调查的研究项目,测试了来自23个国家的34000人,克拉克和塞尼克发现有3/4的被试者认为把自己的收入和别人进行比较是很重要的事情。

然而,他们越是这样做,就越不快乐。

研究人员根据被试者对问题的回答来评定幸福等级,问题包括是否生活得舒适、是否乐观、最近是否抑郁寡欢,以及是否满意目前的生活。克拉克和塞尼克得到了另一个重大发现:被试者心中存在着关于各类人的排名比较,而这种比较对他们的伤害最深。

对整体幸福感伤害最小的是同事之间的比较,而家庭成员间的收入忌妒伤害要大得多。不过,毒害最大的是最亲密的朋友之间的比较,伤害程度甚至两倍于同事间的比较。

戴利及欧洲社会调查这两项研究最吸引人的地方在于：用科学来验证一件众所周知的事——金钱买不到幸福，即使经济收入集体改善，或生活水平全面提升，似乎也和满足感无关。

反过来说，某些自认为幸福的人也和任何客观基准——如地区的人均收入，甚至是个人基准（对你应该赚多少钱的期望）——没有直接关联。在心理学研究中，这被称为"伊斯特林悖论"（译者注：由美国南加州大学人口经济学家伊斯特林在1974年提出，主要探索幸福感与收入的关联性。经济学理论认为，财富增加会提升人们的幸福感，但伊斯特林认为等收入达到某一程度后，幸福感与收入的关联性就不明显了。此外，伊斯特林也认为，收入是相对的而非绝对的：收入的增加是与全体收入的平均值来进行比较的），意思是成功没有客观标准，只有个人标准，即我们对自己的期望，以及最亲近的人对我们的期望。现代西方社会以个人炫耀式的成就来定义成功，以你邻居的财产为标准，不时拿他的钱财、地位，甚至孩子，来跟你比较。

我们最深层的需求是归属于社群，而在现代社会，这可以理解为必须不计一切代价避免成为金融弃儿。我们对连结的向往如此强大，以至于我们与团体之间键结的质量成了影响健康最重要的关键。

流行病学与社群关系研究

1955年，年轻的耶鲁大学社会学研究员莱恩·塞姆做出了后来被视为幼稚、鲁莽的决定，一个在社会学或医学领域都未曾听闻的东西：健康社会学研究。塞姆怀疑社会因素对某些疾病有影响，如心脏病、癌症或关节炎，当时人们相信这些疾病都是饮食或环境因素所致。他的论文指导教授劝他重新考虑：这个主题在社会学或医学中鲜有文献可参考，而且十有八九绝对不会有。然而，带着默默地反抗权威的决心，塞姆坚持初衷，最终他成为第一个在美国卫生部找到工作的社会学家。一份够奇怪的工作，他的上司完全不知道要给他什么头衔。

一开始，塞姆试着调查美国各州心血管疾病比率变化的原因。一无所获后，他放弃了在研究所学到的统计工具，开始利用被科学家轻蔑地称为"盲目调查"的手法——梳理数据以寻找假设。对他这个例子来说，就是寻找心脏病患者和健康人之间可能存在的社会条件差异。

最初，塞姆把他的发现命名为"文化迁移"——那些人都曾有过地理上的迁移，从一个社会文化进入另一种不同的文化，尤其是从在农场劳动变成到城市从事白领工作的人，他们之后会患上心脏病。这种关联性普遍存在，即使当抽烟、血压和其他引发心血管疾病的主要危险因素被消除后也一样。

社会流动——搬出你所属的圈子且不再归属——也会让你生病。

塞姆曾将他的发现拿给一屋子世界一流的心血管流行病学家看，他们全部不假思索地将其驳回。在国家卫生研究院工作一段时间后，他建立了第一个流行病学检查小组，来为此类研究提供资助。塞姆还在加州大学伯克利分校的公共卫生学院取得教授职位，他是第一位担任该教职的社会学家。然后他与另一位伯克利的教授鲁埃尔·斯塔洛尼斯合作，在最理想的实验族群身上检验他的迁移假说：夏威夷和加州的日本移民。

流行病学的学生对日本这个民族很感兴趣，因为他们明显非常怪异：拥有全球最低的心脏病发病率，但事实上抽烟人口随处可见，而抽烟通常被认为是心脏病最大的危险因素之一。日本的长寿统计数字，扰乱了我们所有关于长寿和健康生活的期望。日本的百岁老人数目居全球之冠：约有16000人活到百岁，其中还有许多人抽烟。

流行病学家发现移民社会特别具有启发性，因为他们提供了一个观察社群如何面对社会、文化或饮食剧变的机会。塞姆和斯塔洛尼斯调查了12000名日本男性罹患心脏病的风险，包括饮食因素以及任何社会变化，并将之划分为三组：一组是留在日本的人，另外两组是已经移民到夏威夷或北加州的人。

斯塔洛尼斯感兴趣的是，日本人是否因为低脂肪饮食而使心脏病发病率较低，曾在祖国保持良好饮食习惯的日本人吃了汉堡、薯条等典型美国饮食后，心脏病发病率是否会增加。更令塞姆着迷的是社会因素：离开祖国的故土和文化，是否会引起失衡，甚至导致心脏病。

结果期望两头落空。移居加州的日本男性，得心脏病的比率是日本国内男性的五倍，但是移居夏威夷的那一组，得心脏病的比率却介于前两者之间。如此一来，就意味着单纯移居他处并不必然引发疾病。然而，结果也似乎与常见的心脏病危险因素无关，如吸烟、高血压、饮食或胆固醇指数。事实上，研究样本中的日本人抽烟人口最多，但其心脏病比率却最低。

令人吃惊的是,他们得出的结果也似乎和饮食转变无关。不论日本人吃什么——豆腐、寿司或麦香堡,对罹患心脏病的倾向都毫无影响。

为了弄清楚这些结果,塞姆召集了他的研究生迈克尔·马尔莫特深入钻研资料。马尔莫特将研究发现写成博士论文,该论文验证并扩充了塞姆的假说:饮食习惯的转变就心脏病而言并无影响,起作用的是移民为自己营造的社会环境。塞姆和马尔莫特依据保留日本传统文化的程度,将移民样本人口进行分类,其中就包括社会联系一项。采纳美国生活方式的日本男性,心脏病比率增加,而保留传统日本文化的那些人,心脏病比率最低。

最传统的日裔美国人团体,其心脏病发作的比率和待在日本国内的同胞一样低——虽然西方的生活方式会让心脏病发生率增加3~5倍。这些差异,不能计入一般的危险因素(如饮食)中。不论是否抽烟或是否罹患高血压,有社会网络和社会支持的人可以免于心脏病威胁。

这些结果让塞姆十分激动,他决定到日本去找出这个对健康不可或缺但至今仍不可知的因素。他采访了许多日本人,想找出最能区分美国和日本社会结构的单一因素。听到采访对象在一次次访谈中不断提到的内容,他发现,日本文化与美国文化最大的区别是:美国人是孤独的。这一点大家都知道,美国人甚至独自散步。日本人,特别是日本南部的人,一直维持着关系紧密的社群,彼此支持,这甚至成为一种企业文化。成为公司员工和嫁入一个家庭,并没什么不同。到20世纪90年代日本经济严重衰退之前,这种雇佣关系仍是一辈子的关系。

塞姆回到加州后,又召集了另一名研究生莉萨·伯克曼,让她研究社会网络和社会支持对预防心脏病的重要性。伯克曼从阿拉梅达郡人口实验室数量惊人的九年统计资料中,费力地概览了全郡大多数居民的健康统计。最后,她得到的结果是:那些感到寂寞和社会孤立的人,可能死于心脏病和其他原因的几率,较其他有更强连结感的人高出两至三倍。其结果,与高胆固醇、高血压、吸烟和家族病史等危险因素无关。伯克曼特别想弄清我们对压力的生理反应,在有同伴、相信有人会伸出援手,甚至光想到援助的时候,自律神经和内分泌系统的"战或逃"机制,都受到了抑制。就算与宠物的连结,也发挥了保护作用:养宠物的老人血压会低于没养宠物的老人。

塞姆的早期研究衍生出许多长期的人口研究,其中包括在宾夕法尼亚州罗塞托的长寿镇进行的一项"团结效应对健康之影响"的经典研究。斯图尔特·沃尔夫偶然间听某位医生同行说,罗塞托几乎没有人得心脏病,而这促使他和同事约翰·G. 布鲁恩开始了一项长达30年的研究,比较这个小镇和邻近地区的社会与饮食条件。

沃尔夫和布鲁恩发现,罗塞托的居民患心脏病的比率是周围城镇的一半,乍看之下,对于他们良好的健康状况,并没有足以适用的医学解释。罗塞托镇是一个从意大利的同名城镇移居过来、与世隔绝的小镇,约有2000名意大利裔人口。他们移民美国之初,几乎不讲英文,镇上甚至多年都没有一座真正的天主教堂。他们当工人时,受到已经在此扎根的韦尔斯裔美国公民的歧视,被迫到矿场从事危险的工作,而且酬劳也比其他人少。从心脏病标准的危险因子来看,罗塞托居民应该会有一大部分去世。男性居民中抽烟者很多,许多人体重超标,因为常用猪油烹调食物。

沃尔夫发现了这个小镇的特殊之处:这是一个高凝聚力的文化社群,在美国几乎独一无二。自从来自英国的帕斯夸莱·德尼斯科神父到后不久,这个小镇便渐渐繁荣了起来。在神父的鼓励下,罗塞托人用花卉装饰城镇,组成罗塞托乐队,蓬勃的社团一个接着一个创立:从不分年龄的宗教团体到数不尽的民间社团。

一个世代后,城镇的凝聚力日渐瓦解,年轻人失去了社群感,不久就变成了一个寻常的美国城镇,出现了一群讲排场、比阔气的孤立个体。到了20世纪60年代,罗塞托开始有人需要领取社会福利金度日。同时,心脏病比率也快速赶上全国平均值。第一批领取社会福利金的居民中,有人向沃尔夫抱怨:"你不懂,医生。事情全变了,大家对什么都无所谓。"

沃尔夫和布鲁恩在对比内华达和犹他两州的心脏病统计数据时,也发现了类似的情况。这两个邻近的州,种族组成类似,也有相似的高等教育统计数字。然而,因心脏病死亡的人口统计数字却天差地别,内华达州是美国心脏病死亡率最高的州之一,而犹他州则垫底。起初这看起来并不合理:

内华达州的居民理应更健康才是，因为他们比较富有，家庭平均收入比犹他州高15%~20%。

在深入观察后，沃尔夫和布鲁恩发现，两州的主要差异在于社会结构的稳定程度：犹他州以紧密家庭为主，相较之下，内华达州的家庭破碎和功能失调程度较高。研究人员推断社会结构变弱，是造成内华达州死亡率较高的主要原因。

塞姆推断，一个人周围地理聚落的连结质量，是健康和疾病最有效的预报器。就算面对危难的情境，凝聚力强的团体键结对任何危险因子几乎都有屏障保护作用，这些危险因子包括迁徙、流离、贫困、不良饮食，甚至酒精。当地的原生文化研究，也证明了强有力的社会联系具有缓冲作用，可抵挡其他被视为高危险的因子，如外国食物甚至外国宗教活动。举例来说，一群研究人员研究了所罗门群岛的原住居民，发现他们在接纳西方食物和宗教活动之后，也没有出现冠心病或高血压。这让研究人员困惑不解，直到发现有个始终维持不变的领域：社会联系和家庭内部的角色。

保罗·惠尔顿博士和约翰霍普金斯大学的研究团队在研究中国的彝族时，也发现了类似现象。务农维生的彝族人身形苗条，主食是米饭、谷物、蔬菜和一点点肉类。相较于生活在城市的汉族人，彝族人极少患心脏病，胆固醇指数也很低。然而，当他们的族人迁居到城市后，血压明显上升，身体状态也与汉族人越来越像。

在从乡村到城市的生活形态转变中，最有趣的发现是饮酒的影响。彝族人喜欢喝自酿的酒，住在乡村时，喝酒对健康没有明显影响。然而，等他们搬到城市、疏远了以往的社会支持后，高血压病例就急剧增加，同样是喝酒，反应却不一样。彝族迁居城市还维持着同样的饮食，但生活形态的改变及社群迁徙，却对健康带来了破坏性的影响。

疏离的压力让你生病了

如同最有前瞻性的医学人士所理解的，大多数疾病的根源是压力。这种压力不是由我们日常所见的一些暂时性事件所致，如财务或婚姻状态，而是对生命的全面回应所产生的压力——你如何为自己定位，特别是在所生活的环境中。这类研究一致认为，归属感的需求对人们是不可少的，社会连结的质量是生存的根本。一项庞大的研究显示，压力以及疾病的根源就是疏离感，而最致命的，似乎是我们互相较量的有害倾向。

西方文化鼓励人各为己，尤其是美国社会，而事实证明，那对我们是致命的，特别是对我们的心脏。无数研究显示，只顾自己、愤世嫉俗、敌视世界的人更可能死于心脏病。加州的心脏专家迪安·奥尼施发现了一个异常的统计数字：通常导致心脏病的危险因素——抽烟、肥胖、久坐不动和高脂饮食——仅占所有心脏病发病因素的一半。弄了半天，医学界所谓的引起心血管疾病的生活方式上的危险因素，与心脏病的关系，竟然小于单纯的孤独——疏远别人、漠视自己的感觉，以及远离更高的力量（失去信仰）。从这个角度看，心脏病大致可以被当成情感疏离导致的疾病。具有良好支持网络的健康成人，比起没有情感支持的人，血液胆固醇更低而免疫功能则更好。

最近,哥伦比亚大学的研究人员研究了655位中风病人,发现其中属于社会孤立的病人5年内再次中风的概率是拥有紧密社会人际关系者的两倍。孤独是最大的危险因素,其危害超过冠状动脉疾病以及久坐不动的生活方式。事实上,社会孤立的健康风险,可与抽烟、高血压或体重严重超标相提并论。

杨百翰大学的研究人员对这种统计数字深感好奇,他们汇集并分析了148个人类互动与健康结果的比对研究,这些研究的平均年数为7年。他们的结论是:任何类型的关系,不论好坏都能将你的健康几率提升50%。有害的孤立感,相当于每天抽15根烟或每天酗酒,其毒害健康之严重性更是肥胖的两倍。何况,一个健康的关系,对于生存的好处可能还被低估了。"数据只显示被试者是否为社会网络的一员,"该项研究的主导者朱莉安娜·霍尔特-朗斯达说,"而这意味着,个人与社会网络的负面关系与正面关系被合在一起看了。"

强烈的个人化及自我偏见,也对健康极度不利。如研究所示,在日常对话中经常使用"我"这个字的人,死于心脏病的风险是其他人的数倍。在一项研究中,罹患心脏病的人中提到他们自己的频繁程度是预测死亡率的有力指标,甚至比血压或血胆固醇浓度还要准确。

社会键结可以有效保护我们,在艰难度日的时候更是如此。我们抽样调查处于金字塔底层的低收入美国人,发现几乎没有人因为财务困窘而感到郁闷,因为他们通过定期上教堂而得到会众的支持。就算每天忙于挣扎求生,但因为他们不孤单,日子仍能继续下去。另一个研究则显示,当男人因公司倒闭而失业时,处理失业压力的最大危险因素之一是切断连结。事实上,从小生长在关系紧密的家庭,以及置身在一个可以提供强力支持的社群中,可以为你提供一生的保护,用以对抗将来的心脏病和其他疾病。

英国埃克塞特大学社会心理学家也已经证明,参加各种团体会让人变得更强壮,这是天然的"仙丹妙药"。他们开创性的研究显示,健康状况最重要的预报器是你隶属的团体数目,这甚至比饮食和运动还重要,特别是如果与这些团体拥有紧密的关系时。在宗教团体或工会等义务性社会组织中,如果你的团体身份越高,因为种种原因致死的风险就越低。

甚至连传染病的抵抗力,似乎也跟社会生活状态有较高的连带关系,而不是是否曾暴露在病菌中。社会孤立,让你更容易罹患大大小小的传染病。宾夕法尼亚州匹兹堡市的卡内基梅隆大学心理学系进行的一项研究发现,多样化的社会角色对感冒有很强的免疫力,而社交活动最少的人,伤风感冒的机会是爱交际者的两倍。

"以粗略的经验法则来看,"哈佛大学政治学家罗伯特·D. 帕特南在其著作《独自打保龄》中写道,"如果你本来不属于任何团体而决定加入其中之一,等于把明年的死亡风险降低了一半。"

人我之间建立的键结,是生存的最基本需求

《超级偶像》等电视真人秀,利用的就是我们成为社会

网络一员的渴望。"社群感觉是这类表演的部分诉求,"伦敦大学戈尔德史密斯学院社会学教授贝弗利·斯凯格兹说,"人们会与价值观相同、行为举止类似的其他人连结。"我们极度渴望连结,想要拥有它,即使是和荧幕上的那个人。

我们的归属感如此强大,甚至可以保护我们免于歧视的伤害。关于威权环境中个人与团体的动态关系的研究,最著名的是 1971 年进行的斯坦福监狱实验。斯坦福大学心理学家菲利普·津巴多建立了一个模拟监狱,从志愿者中选出心理最稳定的一群善良的中产阶级大学生,随机分派"守卫"和"囚犯"的角色,津巴多本人则出任监狱狱长。

实验很快就失控了。

穿着狱服的"囚犯"没有名字,只有数字当代号,为了模拟监狱的去人性化,他们必须无条件遵循专横的命令并接受专横的惩罚。演出"守卫"角色的学生变得越来越苛刻,积极建立并执行规则,最后还让囚犯受尽屈辱,甚至还要求他们提供色情服务。值得讨论的是,即使扮演囚犯的学生明知他们在实验期间可以随时离开,但却还是接受了这些不堪的对待。连津巴多本人也深陷监狱狱长的角色出不来,后来经参观实验的一名学生提醒,他才恍然大悟,意识到情况已恶化到什么程度,接着他就下令提前终止实验。而说出真相的那名学生,最后成了津巴多的妻子。

这项关键性的研究数十年来不断被引用,成为心理学课程中确凿的证据:团体有自发性的"蝇王"效应(也称堕落天使效应),使人脱离道德判断,甚至人性。

超越身为个人的疆界、与团体产生键结的需求,对人类而言是基本且必需的,这也是我们健康或生病的关键因素,甚至攸关生死。对我们而言,比起任何饮食或运动都更重要,键结可以保护我们免于毒素及陷入困境的侵扰。我们与团体之间建立的键结是生存最基本的需求,因为它创造了我们最真实的存在状态。

此外,我们也在人际关系中的个人层次上体验对键结的需求。每一天,我们身体的各个部分,都以另一种方式显现我们对键结的需求:自我认同的需求。

本章摘要

法国社会学家涂尔干对自杀率的研究

• 相较于结婚或有小孩的人,缺乏强烈依附的人——没有小孩、单身、鳏寡、离婚——自杀率较高。

• 自杀是社会契约断绝的极端反应,其痛苦来自于"过度个体化"。

关于"所得与自杀相关性"议题的研究

• 所得忌妒:与自杀有关的一个因素,就是拿本身所得去跟周围其他人比较。你四周的人越富有,你可能就越难过。

• 金钱买不到幸福:即使经济集体改善,或生活水平全面提升,似乎也和人们的满足感无关。

流行病学与社群关系研究

• 以美国的日本移民样本进行比较,发现饮食习惯的转变对心脏病并无明显影响,但生活圈子若是维持日本式、凝聚力强的传统社会,罹患心脏病的比率就偏低。

• 社会流动(搬出所属的圈子且不再归属)会让人生病。

• 在美国宾夕法尼亚州罗塞托长寿镇进行的研究显示:团结对健康有莫大的影响。

• 有害的孤立感,其产生的效应相当于每天抽 15 根烟或每天酗酒,其毒害健康之严重性更是肥胖的两倍。

结论

1. 拥护个人至上,实际上是一种以我为尊、充满剧毒的身心状态。

2. 凝聚力强的团体键结对任何危险因子几乎都有屏障保护作用,这些危险因子包括迁徙、流离、贫困、不良饮食,甚至酒精。

3. 生命的根本冲动并非是权力意志,而是连结意志。我们与生俱来的本能总是要和他人建立连结,从个体的原子化走向团体的整体化。

4. 参加各种性质的团体,会让人变得更强壮,抵抗疾病的免疫力会更强。

第六章　沟通，人类最殷切的需求

情绪会像病毒一样在人与人之间无意识地传播，正面和负面两种情绪都具有高度感染性，但是正面情绪会促进合作并使人在决策时做出更多正面选择，而负面情绪刚好相反。

1954年9月23日傍晚，苏格兰格拉斯哥警局的警员亚历克斯·迪普罗斯被调去南方公墓处理滋扰事件，这是格拉斯哥一处有百年历史、占地近85万平方米的墓地。迪普罗斯到达后，只发现数百名不到14岁的少年，他们拿着菜刀和各式各样削尖的棍棒，在25万座坟墓之间搜寻着什么。他们告诉迪普罗斯，他们在追捕的是一个劫持并吃掉两名当地男孩的吸血鬼。许多人的父母不仅认可这个护卫队，还让他们全员出动。

群体性歇斯底里症：你发现吸血鬼了吗？

没有人能想起事件从哪来或是如何开始的，但是不到几个小时就传遍了当地3所小学，到下午3点放学时，来自格拉斯哥邻近的两个地区高伯及哈奇逊敦的学生争相奔至公墓入口。他们一连数个小时，爬上一座座摇摇欲坠的墓碑，记录下所有邪恶的图案，他们背后是附近炼钢厂冒出的阵阵黑烟及不时闪耀的红光。当天傍晚,圣波拿文都拉小学的校长爱德华·库斯克出面向焦虑的家长保证当时格拉斯哥没有任何儿童失踪。然而,夜复一夜,护卫队还是在日落之后继续他们的搜索。

惊慌的教师、报社编辑和一些苏格兰长老教会开始调查这则都市传奇的源头,预设的矛头指向此类型的电影,但事实上,当地影院并没有放映过吸血鬼题材的电影。最后,他们终于找出了真正的元凶:美国漫画书。苏格兰全国教师联合协会不得不筹办这类恐怖作品的展览,以指责它们煽动苏格兰少年。过后不久,英国政府就通过了《儿童与青少年(有害出版物)法案》,所有"令人不适或具有恐怖性质"的进口杂志及漫画书一律列为禁售品,有一条法律至今还适用于图书类,虽从未被真正强制执行。

当时8岁的塔姆·史密斯回忆说,那时聚集的小孩大都来自拥挤的高伯区,那里没有电视,他们也没有钱买这些外来的出版物。事实上,大多数格拉斯哥的儿童根本就不知道吸血鬼究竟是什么,警员迪普罗斯提供的描述是身高7尺、满嘴大钢牙,但史密斯说类似这样的怪物,他只在《圣经·但以理书》里听过。

高伯区吸血鬼事件,其实是心理学家所谓的"心因性疾病"或群体性歇斯底里症的例子,群体性歇斯底里是希波克拉底在公元前400年所创的名词,用以描述无法解释的情绪或行为感染。第一起记录在案的例子发生于1518年7月的一个大热天,法国妇女弗罗·特罗菲走到斯特拉斯堡的一条狭窄街道上开始疯狂跳舞，持续了6天6夜，到了第7天，有100人加入她的行列，一个月后，跳舞群众增加到400人。惊慌的阿尔萨斯大区当局误用以毒攻毒的方法，租用会议大厅，聘请乐师现场演奏，还请来了专业舞者，想尽快让跳舞的人筋疲力尽以结束这场闹剧。等夏天过后，陆续有数十人死于心脏病、中风和劳累，当局这才紧急将幸存者送往疗养院。

发生于1692年美国马萨诸塞州塞勒姆的巫术审判，也是集体感染的一个著名例子。一开始，9岁的贝蒂和表姐艾碧染上莫名怪病，变得神志不清，后来很多女孩相继发病，在医生束手无策的情况下，谣传是巫术作祟，最后19名遭指控使用巫术的女孩被吊死。

类似的例子还有被两位精神科医生称为"六月虫"的事件：美国某制衣厂的59名工人宣称不断受到一群昆虫攻击，出现发疹、恶心、眩晕和昏倒等非常真实的症状。

最近的一起则发生在2006年5月，葡萄牙14所学校约300名青少年，相继出现出疹、眩晕和呼吸困难等症状，迫使一些学校被关闭。虽然没有分析出真正的病毒，但所有症状都与当时热播的、深受葡萄牙青少年喜爱的剧集《甜草莓》中的一个角色所经历的相同。由此可见，社会性感染，也许可以从肥皂剧里爬出来侵扰观众。

连结，人类无法回避的一种天性

不论事件是什么，心因性疾病的症状是相同的：行为或身体的症状无法解释的像病毒一样发生人际传染。精神科医生认为这些事件的肇因无疑是精神心理层面的，正式称之为集体"转化型歇斯底里性精神官能症"，而这种现象被认为是由当时的社会焦点所引起。然而，群体性歇斯底里只是社会键结的另一种极端版本——一种寻求一致的需求。我们的天性具有与他人结合的冲动，渴求与他人一致，包括身体和精神。

人际关系代表了我们从自我的原子化不断朝着与整体连结的方向移动。我们最基本的渴望之一，是在各个社会关系中彼此认同。不论本性如何任性，我们都会不断寻求与所接触到的人达到身体与精神的平衡，甚至复制某人的愿望去追捕吸血鬼。这种需求以无意识的冲动表现在身体、心理和感情上，让我们将自己放在与他人完全相同的状态中，不论对方是谁。我们内心深处寻求认同的渴望，抑制了一切道德观点，德国纳粹的快速崛起，就是信仰体系与多数人意愿的扩散"感染"，为了顺应它，人们甚至漠视了人类的普遍价值。

人类学家斯科特·阿特兰在《与敌人对话》一书中有力地证明，自杀式炸弹客的自戕源自被团体接受的深层需要，而非本身的宗教理由。他们承担了被团体接纳的"承诺成本"，付出的代价则根据他们准备执行任务的难度而定。"人们不会只为了单一原因就大开杀戒或赴死，"阿特兰写道，"他们是为了彼此而做。"

根据夏威夷大学心理学家伊莱恩·哈特菲尔德及其同事的研究，当人类互动时会不自觉地模仿和同步化，比如我们听一个人讲话，会立即被对方的面部表情和姿态所影响，甚至开始采用他的说话速度、话语长度及抑扬顿挫的频率。事实上,哈特菲尔德及其同事相信:为了人际关系运作良好,我们也会根据彼此调整声音。在每次社会交往中,我们为了建立键结这个大目标而成为模仿专家。

通过语言与动作,达到同步化

波士顿学院的心理学家威廉·康登花了三十多年时间耐心地慢放观看录像带,一帧一帧地检查,试着了解人类身体在说话时发生了什么事情。康登发现我们的每个动作都精确地锁定我们的说话模式,双手、手臂、肩膀和头部全都会呼应说话的节拍,就连眼睛也会同步眨动。那些动作可以在瞬间变化,每次发出一个新的子音和元音,而且全然不自觉。"总之,你无法摆脱这种情况。"康登说。

他的录像带最惊人的是对话中听者的反应:听者的身体会开始与说话者的说话模式保持同步,误差微小到只有42‰秒的延迟(相当于每秒24帧画面的电影其中的一帧)。听者手指、手臂、眼睛和头部的动作,都完美地配合着说话者说话时的语气轻重、高低起伏和音量:两个身体一起活动和摇摆,就像是一套动作复杂的编舞。一整句话可能会带动整条手臂大幅挥动的姿势,而比较细微的姿势,如小至一根手指的动作,则用以强调某个字或声音。

"我们几乎是以听觉来互相接触,"康登说,"当我对你说话时,我的想法会转译成肌肉动作,然后进入空气敲击你的耳朵,而你的耳膜开始和我的声音达到同步振动。本质上,我们之间不是真空地带——声音只需要千分之几秒就能被脑干记录，到达左半脑仅花 14‰ 秒。"

康登将这种冲动归因于中枢神经系统的听觉——运动反射，这种反射"允许甚至是强迫听者的动作与说话者的语音同步，这远比任何意识反应的时间都要快"。康登表示，甚至我们还可能预知谈话内容，在对方开口之前就将其接收到。

听者获取说话者身体图像的能力是与生俱来的，婴儿出生后 20 分钟，就拥有了和成人一样追踪说话声音的能力，而且不论使用哪一种语言都一样。只是在日后的发育中，婴儿才慢慢习惯母语的声音。

康登试着找出这个看不见的连结，他将正在深入交谈的两个人接到脑电图仪器，以便监测他们沟通时脑波的情形。当时使用的仪器类似旧式的测谎仪，有一支笔在纸卷上追踪记录脑波的活动。康登发现，当这组人交谈时，两台机器的记录笔会同步移动，就好像追踪的是同一个大脑。唯一能干扰这个完美二重奏状态的，是第三个人的加入，这时，听者会开始新的节拍，与闯入的第三个人达到同步。最后，康登终于发现负责调解这种微同步的构造，是神经系统轴心多重层次的大脑结构。简单来说，这代表的是一个神经系统推动另一个神经系统。

康登多年研究所得到的结论是：人类不是来回"传送不连续信息的独立个体"，而是一个共享式组织形式的一部分，并通过语言和动作来表达。美国人类学家爱德华·T. 霍尔用另一种说法陈述了这个事实："基本上，互动交流中的人是以一种舞蹈方式一起做动作……不需要音乐或刻意编排。"

霍尔自己也进行了类似的研究，同样也发现了团体中的深层同步，并鼓励他的学生拍摄团体活动以便进一步探究。在其中一个例子里，一个参与他专题研究的学生藏在废弃的汽车里，拍摄一群在学校操场活动的儿童。一开始每个小孩都各玩各的，其中一个女孩在操场活动的范围比其他孩子要大。回到学校后，他按照指导教授霍尔的指示，将影片以慢动作播放。最后，该学生突然领悟到整个操场的孩童其实都在以清楚的节奏同步活动。霍尔写道："最活跃的那个女孩是指挥，整个操场节奏的总指挥！"

最让霍尔感到不可思议的是，这些儿童的活动节奏似乎似曾相识。他找来一位热爱摇滚的朋友，请他找出符合这些儿童动作节奏的曲调。他最后找出一段与这些儿童动作同步的音乐，而霍尔留意到儿童们长达四分半钟的活动完美地吻合了音乐节奏。事实上，当其他人观看影片时，都认为操场上的这些小孩正听着音乐。"同步动作的无意识暗流将团体维系在一起，"霍尔写道，"不知不觉地，他们的动作全都跟着自己产生的拍子……他们甚至还有指挥来维持拍子持续不中断。"

几乎所有行为，都有复制他人的需求。我们现在知道打哈欠会传染——甚至在不同物种之间。灵长类动物学家弗兰斯·德瓦尔有次去听一个演讲，当马、狮子和猴子在现场播放的影片中打哈欠时，全部听众很快就和影片的动物一起打起哈欠来。笑声也会传染，现在也已经被证实。英国伦敦大学的研究显示,从笑声、喝彩乃至尖叫或呕吐等各种声音,都会引发大脑前运动皮质区的反应,让肌肉准备好回应的声音。不过,悦耳的声音会在运动皮质区产生比不舒服的声音大两倍的反应,这表示笑声等正面的声音,会比负面声音更具感染力。大脑中复制笑声的触发器是自动的:我们发现在听到笑声时,很难控制微笑或大笑的冲动。

任何从事集体活动的物种,几乎都会趋向同步行动。德瓦尔说,驮马刚开始可能各走各的,但步调很快就会彼此一致,并且会轻易地越过障碍,仿佛驮马群已成为单一的个体一样。他还提到哈士奇雪橇犬"依莎贝"的故事:它的眼睛虽然瞎了,但仍能与同伴同步并行,能够完美地跟上队伍。

模仿的目的,是在为深层的情感连结做好准备。"当人们自动模拟同伴脸部、声音和姿势等情绪表情时,通常能感觉到同伴真正情绪的'灰色映像'。"哈特菲尔德说,"通过加入这些细微的瞬间反应,人们会觉得自己进入了他人的情感生活。"而这本身就有极高的感染性。

人类是会走路的"情绪感应体"

某天清晨,住在加州的年轻女士西加尔·巴塞德来到公司,她注意到办公室平日的紧张气氛消失了,但她无法确切说出有什么不一样。没有新员工,办公室布置也没什么不同,管理方式也没有改变,但先前跟她不熟的人,现在会从工作中抬起头来对她微笑,整天都全神贯注在计算机前工作的职员,会抽空在咖啡机附近闲聊。在那充满喜悦的一整个礼拜,她的工作伙伴们空前地放松，气氛异常友好。

到了下一个星期，公司气氛又回归正常：紧绷、暴躁和阴沉。表面似乎都没变，但整个办公室显然已受到全面影响。巴塞德能够找出的唯一变量，是一位坏脾气的同事销假上班了。这位女同事并没有与巴塞德一起工作，但她的抱怨及坏脾气却明显地感染了全办公室的人。巴塞德想，或许人类是会走路的"情绪感应体"，不论碰上什么人都能传递他们的情绪，一个接着一个，成为无穷尽的菊链（译者注：daisychain，将许多不同装置安排成连续的一组，如同菊花的花瓣，也可能是将信息依链接顺序一个接一个输出到各装置上）。

这段经历，让巴塞德决定到加州大学伯克利分校的哈斯商学院攻读组织行为学博士。她最感兴趣的，是员工之间的情绪传染如何影响人际关系、决策制订，甚至企业盈利。拿到博士学位后，她接受耶鲁管理学院副教授的职位，并决定在实验中检验她所谓的情绪"涟漪效应"，实验对象是她在商学院本科部的学生。

在她的实验中，随机分配94名学生为2~4人小组，要求每位参与者扮演薪资委员会的经理人，与员工代表谈判，给员工发奖金时如何有效地分配有限的总金额。扮演部门主管角色的学生要尽可能帮部门中的人争取到最高总额，并将应该重点奖励的员工排在前列。所有人都要在指定的时间内取得共识，讨论出最后名单。

在不告知大部分学生的情况下，巴塞德特别训练了一名学生在每个小组中以不同能量等级表现不同的情绪。她要求这名叫"里克"的学生每次都最先发言，以便观察他的情绪是否会影响整个会议的气氛。

巴塞德记录的结果令人意外。她发现，就算里克在每个小组中所提请求是相同的，各个小组的气氛也会因他的情绪不同而出现差异。集体情绪和里克在其中扮演的角色，对谈判的气氛和结果有显著影响。当里克流露出悲观消极的情绪时，小组不太会彼此合作；反之，当他平静愉悦时，比较能促成彼此的合作。而且团队合作越多，分得的奖金越高。

这个效应完全是无意识的，没有任何一位被试者感觉到他们的情绪被人为操控。巴塞德请被试者写下实验前后的感觉，所有人都将自己的会议效率归因于其他因素，从未提到集体情绪。

此外，巴塞德也得出了一个有趣的意外结论：正面情绪的感染力，与负面情绪相当。这点让巴塞德特别惊喜，她先前认为负面情绪会更具感染力。当里克的情绪带有不易察觉的乐观倾向时，比起不易察觉的"低能量"坏情绪更具社会感染性。事实上，当他在"低能量"正面状态时最具说服力，小组实际拨给他的钱比他要求的更多。而且，里克对每个小组集体情绪的特殊影响，还延续了好几个月：他扮演积极角色所面对的那批小组成员，在校园中遇到他时会热情地打招呼；而他扮演消极悲观角色所面对的小组成员，对他不是持续怀着敌意，就是冷漠无言。

巴塞德的结论是：正面和负面两种情绪都具有高度感染性，但是正面情绪会刺激小组合作且在决策时做出更多正面选择，而负面情绪刚好相反。没有乐观的集体情绪，人们是差劲的谈判人员，而且会做出不好的决定。

巴塞德的实验震惊了商业界，成为不断被引用的研究论文，最后这让她获得了宾夕法尼亚大学华顿商学院的教授一职。在这次出色的实验中，她设法证明了情绪会像病毒一样在人与人之间无意识地传播，并显著地影响商业谈判的结果。倘若企业能利用好情绪的优势，将能更好地使用人力资源、赚更多钱。大型企业这才警觉到，公司的重大决定可能受到当天某位与会者心情的支配。有些公司开始采用这个研究的心得，比如玫琳凯化妆品和新卫斯等多层次营销组织，现在就利用歌曲、"奖励"晚餐和全国会议来灌输正面情绪给员工。

巴塞德后来发现，情感传染是立即性的，即便是碰巧遇上。与他人分享的简单行为以某种方式产生情绪平衡，巴塞德称之为人与人之间的"集体情绪知识"（译者注：情绪知识是指理解不同情绪之间的关联性、解释复杂的情绪，以及理解并预测情绪转换的能力）。巴塞德说："不论何时与他人互动，我们都会不断地交换情绪。"而且这种个体、团体和整个组织之间的情绪交换是"固定不变、不易察觉且连续不断的"。

我们与他人连结的需求是无孔不入、无处不在的，而且是实时采纳他人的正面或负面的情绪。比如，在某个研究中，被试者先倾听演员交替使用快乐、不快乐或中性的语调念出台词，然后让被试者为自己的情绪评分，每个个案的心情好坏全部与演员念台词的心情相符合。当进一步询问他们对演员的好恶意见时，倾听不快乐声音念稿的人，反感该演员的情绪最强烈。

我们不只模拟他人的情感,这些情感甚至会深入我们的身体。我们会与四周的情感起伏协调一致,因此正面或负面的环境会影响我们的身体及其运作功能。自然杀伤细胞是在最前线对抗癌症和病毒的免疫系统,它会明显地回应生活中的压力,特别是源自社会的压力。我们观察争吵甚至是小冲突期间的人,会发现其自然杀伤细胞的数量和活动力均大幅下降。

社会压力也会影响"下丘脑—垂体—肾上腺轴"的功能,这是身体能够抵抗疾病的主要调节系统。心理学家戴维·施皮格尔和其同事发现,夫妻失和对身体皮质醇的节律会产生负面影响,后者被认为是早期癌症死亡率的危险因子。

任何形式的社会接触,其终点都是建立起你和他人之间的连结。我们会实时且自发模拟对方的动作、言辞和情感,以便强化人我之间的键结。不管你想不想,我们都会不断与四周的情感起伏协调一致。因此,这也表示我们的任何念头或姿态,可能不完全纯粹是自己的,而是来自于与他人之间的连结。事实上,我们也会受到远距离影响的感染,甚至包括那些我们不认识的人。

幸福和肥胖都会传染

1948年,波士顿大学一群科学家在寻找心血管疾病的常见原因时,偶然想到了一个主意:追踪一群被试者在较长时期内疾病发展的状况,在这个例子中,被试者是整个城镇的居民。这个研究计划,以马萨诸塞州弗雷明汉镇三个世代的大部分人口为对象，尽可能详尽地调查被试者健康、生活方式和社会资本等各方面的情况，研究时间超过 70 年。这项研究提供了有关健康及整个地区族群习性的珍贵信息，在众多研究人员的长期监测下，找出生活方式对健康及心智模式到底有何影响，以及独处或群居的生活方式又会对健康产生什么影响。

对哈佛大学社会学与医学教授古乐朋和加州大学政治学及遗传医学教授詹姆斯·福勒两人来说，弗雷明汉镇居民为他们提供了一个绝佳的研究机会：研究人们如何受到人际网络的影响。在各自之前的研究中，福勒观察投票行为在人群中的传播，而古乐朋则发现人们的健康通常会受到配偶的影响，但他还希望知道，这个结论是否也可套用在朋友身上。

古乐朋身为社会学家，研究代表个人的"节点"是如何以及为何聚在一起，形成团体后，个人如何受到所属团体的影响。他将研究的资料制作成一张张代表人际关系的网络图，再分析其中的"个体节点"是否能从人际网络内的人获得进一步的价值。

在人际网络分析中，个体行为并不重要，古乐朋的目标是集体关系对个人的影响，焦点是关系的范围及性质，而非个人最关注的行为。

人际网络图十分壮观，这是一张由个体连接交织而成的图，看起来就像是飞机航线图。古乐朋在这些图上寻找同质性：人们倾向于选择跟自己相似的人建立关系。在网络上也可发现这样的同质性以小群聚或小团体方式呈现，群体中的成员至少会跟其他人有一个连结。科学家不断地看到人际网络物以类聚的一面：相似性孕育出连结。在各种形态或大小的社会连结中（如结婚对象、挑选的朋友、加入的团体等），我们往往会选择成员的人口统计因素（如性别、年龄、家庭规模等）、行为和个人特征与我们相似的人际网络。最紧密的连结（同时也是最大的划分）发生在跨种族与跨民族界限上面，然后我们大致根据年龄、宗教、教育、地位和性别等次序来做组合或阻隔。

另一方面，社会学研究还使用"测地距离"或分离度，来表示你和团体中其他人的紧密程度，每一层以一"度"来代表：你和朋友之间的分离度是一度；你和朋友的朋友之间是两度；你和朋友的朋友的朋友之间是三度。

古乐朋和福勒从弗雷明汉镇第二代居民中挑出5124位，从1973年起研究他们和与他们有关系的每个人（包括朋友、兄弟姐妹、配偶和孩子）。这时候完成的图中已经超过了12000人，他们都在某些方面具有密不可分的相互联系。

两位学者要调查的第一项是肥胖。他们要在这些弗雷明汉镇居民中，调查一个人是否会因为朋友、兄弟姐妹、邻居或配偶的体重增加而以某种方式让自己的体重也增加。他们的核心问题一是胖子是否会找其他胖子做朋友，二是不健康的饮食习惯是否也会在朋友圈子传开。

古乐朋和福勒找出体重过重史超过32年的特殊族群。他们发现，肥胖的人更有可能拥有横跨三度（即朋友的朋友的朋友）的肥胖朋友网络，反之亦然。

这样的群聚现象似乎不只是因为选择性交友——胖子跟胖子更容易交朋友。事实上，肥胖是会传染的，如果你有朋友在某段期间变胖，你变胖的可能性会高达57%，最大的影响来自你同性的友人。此外，朋友间的肥胖传染甚至大过家庭成员或配偶，如果你的兄弟姐妹发胖，你变胖的可能性是40%。如果你的配偶发胖，你变胖的机会只有37%。

古乐朋和福勒很惊讶这里面竟然没有地理效应。肥胖和地缘没有关系，也就是说，跟胖子住得很近并不会让你变胖。事实上，研究人员在邻居之间确实没有发现这种效应。此外，研究人员也不考虑个人的生活方式或行为转变的影响，如戒烟。

古乐朋接着决定将同样的模式套用在情绪项目上，特别是幸福感。幸福感是一个热门的研究领域，而且已被世界卫生组织确定为健康的关键因素之一。所有的研究数据都显示，幸福感是由大量因素共同组成：收入、社会经济地位、工作状态、婚姻、健康、基因，甚至我们对现任总统的看法或我们是否中了大乐透。尽管如此，当时还没有类似的研究去调查幸福感是否与社交圈的其他人幸不幸福有关。

古乐朋要探讨的核心问题是：先不论一个人的天性乐观与否，考察社会背景所造成的生活境况，究竟是否会随着时间而逐渐影响人的幸福感。如果幸福感也遵循着社会学其他方面的相同路径，那么个人应该会受到人际网络中所在的位置，以及网络中最接近者的总体幸福感的影响。

古乐朋和福勒重新在弗雷明汉镇的旧数据上寻找，这回他们要找的是幸福感是否会传染，以及在人际网络内是否有幸福的"一隅"。就像肥胖一样，他们也发现幸福感会延伸到三度的范围（朋友的朋友的朋友）。

他们的数据统计分析显示幸福感是会传染的,但并非自我选择的结果,也就是说,幸福的小群聚是由幸福感自然传播造成,而不光是幸福的人倾向于去找其他幸福的人。周围环绕着许多充满幸福感的人,未来就极有可能会变得更幸福。幸福就像肥胖,都具有社会传染性。

这两位学者还得到了另一个不寻常的发现:幸福感存在着地理效应,与肥胖不同。住得越近,幸福感的感染效应就越强,并随着距离与分隔的增加而逐渐减弱。住在一两公里外的朋友,他幸福而你会感到幸福的几率是25%,而如果你的邻居很幸福,你提升幸福感的几率是34%。

此外,朋友对于个人幸福感的重要性,也超过配偶和亲属的影响力。幸福的配偶只会让你的幸福几率提升8%,而幸福的兄弟姐妹只有14%。同事的影响力,也没有好友和邻居的大。

古乐朋研究小组的结论是:幸福感是一种"集体现象",而且地缘关系是决定性因素。你周围的人、你平常直接接触的人,也就是那些成为你心灵上邻居的人,是决定你能否幸福的人。

同样的现象也发生在幸福的反面:孤独。孤单的人更可能传播孤独,而最后让整个人际网络解体。古乐朋、福勒和其他研究人员继续研究其他人类行为,发现它们几乎都会传染:银行挤兑、自杀潮,还有集体考试作弊。

社会学的证据提醒我们,幸福感或哀伤都会传染。影响你心情的最大因素,是你的人际关系,和最能让你开心或生气的人,影响之大甚至能掌控你的身体健康。正如我们受到周围个体的影响,我们同样也在影响别人。人际网络的集体个性会波及我们、定义我们，最后决定我们的幸福、行为，甚至健康状况。

我们的"心像场景"是内在和外在条件的复杂混合物。我们内部的状态可以全部视为是外在条件的结果，而我们的外在状态则受到我们与外在世界互动的影响。就是这个往返复制的复杂交融，形成了我们的个性特征。

在此之前，我们都认为情感是全然个人的，但现在已经知道，我们会和所接触的所有人交互作用。我的经验和你的经验混杂在一起，难以分辨出哪些是我的，而哪些是你的。即便是个人情感，也几乎不可能弄清和确认是自己所独有。所谓的"生命"原来只存在于关系中，在无法分辨这一点之前，我们都过着违反生命基本设计的生活。我们认为无可改变且与众不同的个性，只不过是一种关系——我们和世界的键结。

本章摘要

1. 我们会不断寻求与所接触到的人达到身体与精神上的平衡。

2. 当人类互动时会不自觉地模仿和同步化,比如我们听一个人讲话,会立即被对方的面部表情、姿态及声调所影响,以便通过同步化取得彼此之间更深层的情感连结。

3. 情绪就像病毒一样,会由一个人传染给另外一个人。

4. 我们与他人的连结需求无孔不入、无处不在,每个人都会实时接收他人的正面或负面情绪。

5. 幸福或哀伤会传染,社会学证据证明,你的人际关系,甚至会掌控你的身体健康状况。

6. 我们的任何想法,可能不完全是自己的,而是来自于与他人之间的连结交融。

第七章 施比受有福,付出让你更快乐

利他并非是社会因素促成的,而是我们的天性使然,就如同饮食和性爱那样必要且令人愉悦。我们在做好事时会感到愉快,而做好事似乎也源于人们渴望建立键结的本能。

萨穆埃尔·奥利纳的人生中有个挥之不去的阴霾及问号:为什么整个村子,只有他能从纳粹大屠杀中幸存下来?60年来他一直想知道,为什么有人愿意冒着失去一切的风险(包括一家人的生命),只为了拯救一个几乎不相识的人。

1942年夏天,那年他12岁,就像许多犹太人一样,他的家人被迫离开贝兰卡的家,住进波兰南方小镇波波瓦犹太区的窄小房间。八月的一个清晨,一排特别行动队的大卡车轰隆隆地驶进小镇广场,纳粹手下的德国和乌克兰武装士兵蜂拥而出,砰砰敲着每户人家的门,并强行进入。奥利纳的继母将他藏身在倾斜的屋顶下方,他从一个小孔里目睹了难以言喻的暴行——女婴像垃圾一样被随意地从顶楼窗户扔出去,另一名婴儿的哭声则在刚强暴他母亲的士兵的枪下没了声息……纳粹分子驱赶所有幸存者——包括奥利纳的家人——坐上卡车,呼喊和尖叫声顿时化为恐怖的寂静。

在特别行动队离开后,奥利纳光着脚跑到乡下。他露宿街头并设法躲开同乡，因为他们会向盖世太保举报漏网的犹太人以获得奖赏。几天后在一次偶然的机会中，他终于打听到家人的下落：他们和其他1000名犹太人被带到戈巴兹森林，剥去衣服站在木条上，由士兵架着机枪依次扫射，最终掉进底下挖好的巨大的万人坑。杀这么多人一共花了18个小时，有些伤者被困在尸体下方而被活活闷死。

奥利纳设法潜逃到另一个村子拜斯特拉，他敲着皮库奇家的大门，这是一户他不太认识的基督教家庭。皮库奇夫人巴威娜，小时候曾与奥利纳的父亲上过同一所学校。她听说了加巴兹的大屠杀，打开门看见奥利纳，她马上就抱紧他并领他进门。

往后3年，巴威娜为了确保奥利纳的安全，给他起了一个新名字，教他基督徒的举止，让他跟着波兰农夫工作以确保安全，在他快绝望时不断给予他关爱与安慰。奥利纳活了下来并移民美国，他在美国结婚并成为著名的社会学家。

这些年来，有个疑问在奥利纳心中像火一样烧着：巴威娜为什么要这么做？她义无反顾地帮自己，不管这样会置她的家庭于什么样的险地：四周有无数虎视眈眈的告密者，等着随时举报获得重赏。究竟是什么让她赌上一切（包括他们夫妇和两个孩子的命），去帮助一个非亲非故的人。

问题在他心中烧得既久又烈，最后他不得不去询问做过这类英雄事迹的人。奥利纳一辈子都在研究平凡人的不凡举动，比如冲进火场或跃入冰水中拯救生命的那些人。他们为什么要这么做？是什么促使他们为了另一个人——甚至是陌生人——冒生命危险？巴威娜的行为与她的邻居们相比是截然不同的，事实上，巴威娜等人的行为完全违背了他所学的：所有关于人性本质的理论通常都认为自私才是人类一切行为的核心。

利他的行为违反了人类的自私天性？

我们所听到的每个故事都在告诉我们，如果没有宗教或社会契约的影响，全凭天性自行其是，人类会是一种冷血且极端自我保护的动物。"我们要试着去教导人们慷慨和利他，"进化生物学大师理查德·道金斯说，"因为我们天生自私。"

从这个观点来看，巴威娜的行为更接近于行为不当或判断错误。毕竟利他行为在逻辑上是说不通的，关心他人利益的无私行为、不顾个人的严重后果，甚至危及自身的生存几率，无异于刻意的自我毁灭。这就相当于在零和博弈中，故意抽到一支烂签。

罗格斯－新泽西州立大学的进化生物学家罗伯特·特里弗斯认为，利他行为代表神经出了问题，导致大脑对事物反应不良。他说："（那是）我们的大脑在无回应的情况下的一种功能失常。"

利他的实例，挑战了适者生存的经典理念。因此，科学家试着要将利他现象硬塞进现有的生物理论之中，而将动物或人类的无私简化成遗传上的必要性：自我牺牲行为仅是因为基因偏好。许多现代生物学家将利他简化成方程式，依据生物体后代的数目来测量成本或效益，也就是所谓的"生殖适应度"。利他会提高其他生物的生殖适应能力，最后利他者所付出的代价是其后代或基因。

竞争或互助，哪个才是进化的动力？

古怪的美国科学家乔治·普赖斯则着迷于探讨善心的起源，因为它与同时代盛行的进化论并不相符。为了寻找善心的起源，普赖斯不近人情地抛妻弃子，在20世纪60年代搬到伦敦去找进化生物学家W.D.汉密尔顿。他们合作用数学方程式来表达利他行为，用经济理论来解释利他行为如何协助进化。

他们的"亲缘选择理论"（或称"概括繁衍论"），将利他行为解释为使家族世系长存的方法。动物把自己当成提高自身存活及未来繁殖几率的助力，或用来确保整个族群的繁衍。比如鸟类喂食非亲生的亲族幼鸟，是因为该行为能够增加后代相同基因的数量。

群体选择或群体适应，是亲缘选择理论的另一个变化版，也就是以群体（而非个体）为单位的自然选择（天择）的总称。该理论认为个体行为代表了群体基因库的运作，是为了追求自身在总基因库中数量最大化而进化出来的行为。道金斯甚至提出"成本效益"方程式，用来计算动物展现利他行为对遗传优势的贡献，他认为个体之所以会有利他行为，在于这种行为能增加同类基因传递给下一代的机会。

这种自私的基因理论认为，包括人类在内的动物，不过是基因出于生存需要而形成的"生存机器"。而且正是这种不惜一切代价散播的冲动，最终形成人类以自我为中心的特征。"这种基因的自私，"道金斯断言，"通常会引起自私的个人行为。"

自私的基因理论，以及所有试着从生存观点合理化利他行为的理论，都有一个共同的难题：存在大量不符合规则的例外。先后有各种研究提供了无数的案例，说明动物也能做出全然无私的"善行义举"：对自己物种的成员、其他物种的成员，甚至是对人类，表现出极高的自我牺牲精神、怜悯心、无畏和慷慨，而且通常是在对自己不利的情况下。与达尔文同时代的俄罗斯科学家，驳斥达尔文学说物种内竞争的观点，并视之为英国人个人主义偏好的表现。俄国生物学家彼得·阿列克谢耶维奇·克鲁泡特金等人构思了另一种进化理论——互助理论。它认为，主要的生存竞争是生命体与外在环境的敌对要素的对抗，比如严酷的气候，而动物在那样的环境下会彼此合作以求生存。克鲁泡特金在《互助论》一书中主张：自然选择偏好合作而非竞争。

所有生物的本能似乎是合作（甚至包括自我牺牲），而不是自私和单纯的生存。所有动物的物种内互助行为，其唯一的理由是帮助不幸者及维持社群的凝聚力。

此外，动物也经常会和其他物种互惠合作，比如獾和土狼常成对狩猎。同一团体的动物形成伙伴关系，其中成功的猎手会帮助运气差的猎手。动物学家发现，在牛身上饱食一番的吸血蝙蝠会反刍血液喂给团体中的其他蝙蝠。还有很多种动物即使会使自己身处险境，也要采用警报及食物情报系统，例如，长尾猴会利用惊叫声来警告其他猴子即将到来的攻击，即使发出警报会增加自己受到伤害的风险。

还有一些最极端的利他案例：领养无亲缘的动物，甚至还有动物领养另一物种的情形。

食物是动物维持生命的最基本需求，而动物会分享食物或确保团体中的弱势个体能获得食物的情况，却屡见不鲜，即使这种分食行为意味着会减少或放弃自己的食物。

在道金斯眼中，利他行为绝对不可能在彼此没有亲密血缘关系的动物间发生，因为这违背了生存法则。然而，在最近德国和美国合作的一项野外研究计划中，研究黑猩猩社会关系的灵长类学家在乌干达基巴莱国家公园，却观察到不一样的现象：黑猩猩会在血亲身上花较多时间，但是也会与那些没有任何亲缘关系的猩猩高度合作。生物学家凯文·朗格格雷伯和其同事的结论是：交往亲密及合作友好的雄猩猩之间，大都没有亲缘关系。基因，在这里不起任何作用。

即便是实验室里的动物，也同样表现出利他行为。将彼此不相识的两只老鼠关在同一个笼子里，其中一只用带子悬吊在半空中。被吊着的老鼠尖叫求救，另一只老鼠很快就显现出忧虑迹象，似乎想帮忙，而它很快就会找到方法：推动横杠就能将吊着的老鼠降到笼子底部。虽然同伴老鼠非亲非故，而且帮助另一只老鼠也不会带来任何生存优势，但它却不会停止减轻另一只老鼠痛苦的行为。类似的在猴子身上的研究则证明，若能让其他猴子免受电击之苦，猴子会选择自己连续挨饿几天。实验对象换成老鼠也一样，如果让同伴遭受电击才能换来一餐，老鼠也会选择挨饿。

助人为乐，是我们的天性

不求回报的付出，是我们建立彼此键结的天生本能。我们最根本的欲望不是支配，而是帮助另一个人，甚至是以牺牲自己为代价。付出——以同理心、同情心无私地帮助他人的欲望——不是超出常规的例外，而是我们自然的存在状态。我们连结彼此的冲动，发展出帮助他人的一种自发性的渴望，甚至不惜个人代价。利他是我们的天性，再自然不过了，而自私则是一种文化制约和病征。

2006年，德国马克斯·普朗克进化人类学研究所的费利克斯·沃内肯和其同事，决定通过实验测试付出、施予的需求是否是人类和黑猩猩与生俱来的，实验对象是尚未学习社会行为或团体互动的小黑猩猩和18个月大的幼儿。研究在乌干达猿类保护区进行，此处的黑猩猩白天在室外草地上自由活动，晚上则待在围栏里。沃内肯让一位黑猩猩和幼儿都不认识的研究人员，在围栏内手臂所及之处放一根木棒或笔。这位研究人员偶尔会将手臂越过栅栏试着抓木棒或笔，其他时候就只是在一旁看着。在他抓不到木棒或笔时，如果黑猩猩或幼儿帮忙，他就给对方奖赏：给黑猩猩香蕉，给幼儿玩具。

沃内肯的观察结果是，如果幼儿和黑猩猩能够对陌生人的目标（拿笔或木棒）产生反应，他们就可能在他伸手时帮他拿到东西，如果研究人员只是在一旁看着，他们就不会帮忙。另一方面，如果他们重视的是自己能够从中得到好处，就更可能会在确定能得到奖赏时才伸手帮忙。

根据自私基因理论，幼儿或黑猩猩只会在有奖赏时才会出手协助。然而，实验结果证明此理论有误。18只黑猩猩中的12只、18个幼儿中的16个，都会在陌生人够不到木棒或笔时自动帮忙，不管他们是否能得到奖赏。事实上，采取奖励的做法，似乎与提升帮忙意愿没有关系。黑猩猩和人类幼儿，都会自动自发地设法帮忙。

沃内肯和他的同事接着增加难度，把木棒放在更偏僻的角落：要拿到木棒，黑猩猩必须沿着高处的"跑道"跑动，而幼儿要翻越障碍物。然而，就算造成不便或更费力，两个被试群体都表现出无私的协助意愿。当然，或许这两组对象只是想取悦更具支配地位的个体（成人），因此这些德国科学家决定测验黑猩猩是否会为了别的黑猩猩做事。

首先，他们消除了获得奖赏的可能性，将食物放在一个用链子锁着门的房间里面。被试的黑猩猩可以透过栏杆看到食物，也可以看到另一只陌生的黑猩猩尝试开门取食而徒劳无功。另一只猩猩拿到食物的唯一方法就是去除锁链，不过只有被试的黑猩猩才能做到这一点。

结果显示，高达89%的被试黑猩猩会帮陌生的黑猩猩拿掉锁链，让它们顺利得到食物，即使自己无法分一杯羹。这个结果显然更出人意料，因为一般认为黑猩猩是好斗且专横的。

自发协助他人的冲动，似乎与我们保护自己的幼儿的内部程序有关。普林斯顿大学的心理学家乔舒亚·格林和乔纳森·科恩的研究显示，当我们在大脑中想象有人受到伤害的过程时，脑中发亮部位的神经元网络与关爱有关，并且与母亲看着自己的孩子照片时所发射的神经元相同。用来照顾孩童的大脑回路，同样也用于回应他人的痛苦。关心他人（甚至是陌生人）是自发的生物本能。

事实上，助人的渴望对我们而言是极其重要的，就像是最重要的娱乐活动一样。美国国立卫生研究院和巴西里约热内卢的私人医学研究机构LABS-D'Or组成的神经学小组研究发现，得到大笔奖金及付出大笔慈善捐款时，激活的大脑部位是相同的：中脑边缘奖赏路径，这个原始系统能被进食或性爱活动唤起。施与受都令人愉悦，另一个与键结及社会依附有关的大脑区域——亚属皮质——在慈善捐献时也会被激活。这意味着，利他行为天生就存在于我们建立连结的需求之中。

有证据显示，利他行为并非是后天教化，而是我们与生俱来的天性，就像饮食及性一样必要且令人愉悦。

埃默里大学的人类学教授詹姆斯·里林和行为学教授格雷戈里·伯恩斯观察利他行为所引发的大脑活动，他们使用功能磁共振成像仪来记录一群参与"囚徒困境"实验的女性的大脑活动。

"囚徒困境"是经典的心理博弈，用来评估两人之间的合作程度。在最典型的版本中，两名被试者假装因抢劫银行而被捕，接受警方的隔离审讯。由于警察没有足够的证据定罪，于是设定以下几种情况：（1）两人都保持沉默，只会被控非法持枪，监禁6个月后就能被释放；（2）双方均诚实招供，各坐牢5年；（3）一方招供，另一方不招，招供者立即豁免释放，而另一方的刑期则最长可至10年。

在这样的博弈中，明知选项（1）两者合作（不招供）是最好的结果，但在信息不明又缺乏信任的情况下，两人要保持合作很困难。在不管另一名囚徒怎么做的情况下，选项（3）对各自的处境都比较好。不管伙伴作何选择，整体来看这是最好的回应。

在重复的囚徒困境实验中，由相同参与者连续进行博弈，这样才能真正测试出合作和利他行为，因为两个囚徒更可能因合作而受益，而不是追求一己私利。

埃默里大学的博弈，要求两名参与者各自选择合作或背叛，每个囚徒根据这一回合双方的选择得到一笔钱。同样，最安全的选项，其报酬也最多，即选择自私和背叛的选项，而不去管你的伙伴怎么做。

里林和伯恩斯惊讶地发现，最常见的结果是两位参与者都选择选项（1），即便背叛是最安全的选项。

此外，当两位参与者合作时，这一行为会刺激两人脑部的尾状核和前扣带皮质，这也是人们收到奖励或经历愉悦感觉时会激活的区域。由此可见，与他人合作就是一种奖励。里林与伯恩斯也观察过被试者与计算机进行博弈时大脑活动的情形，但没有发现上述的大脑部位有任何激活现象。

"我们的研究率先发现，对人类大脑来说，合作关系在本质上就是一种奖励，即使要面对彼此对立的压力，"伯恩斯说，"这表示合作的利他驱动力深植于生物体内。"

里林则认为我们大脑内的奖励系统,强化了助人的正面选择,我们付出越多,感觉就越好,这又转而激励我们帮助更多人。这种大脑内的反应——付出的美好感觉——代表的是"社会键结的源头",埃默里大学精神医学副教授克林特·基尔茨解释道。自发性的付出,开启了我们寻求连结的过程。到头来,无私反而是最自私的选项,因为付出的感觉是如此美好。

我们身体的其他部位也会在做善行及表达同情心时感觉良好,加州大学伯克利分校的心理学教授达谢·凯尔特纳发现,我们行善时,心跳会变慢,自律神经系统会放松,还会分泌更多的催产素,这是母亲在分娩和母乳哺育时释放的"爱激素"。凯尔特纳在实验中发现,我们通过触摸及表情等最基本的沟通方法来理解同情的语言,这再次说明同情和利他都是进化的基础。因为已有许多证据显示,助人不仅感觉良好,还可促进健康,甚至延年益寿,或许还是安逸生活不可或缺的组成要素。

回应压力的方式,决定你的人生是否美好

20世纪30年代后期,哈佛大学保健部主任医生阿里·博克构思了一个以哈佛大学学生为观察对象的长期研究计划,希望找出到底哪一种特质最可能维持长久的幸福。在百货业巨子W.T.格兰特的支持下,博克和来自医学、人类学、心理学、精神病学、生理学等各学科的同事一起甄选了268名哈佛大学的精英学生,分别建立个人档案,跟踪了他们70多年,希望看看这群聪明人如何度过一生。在这期间,他们通过各种方式打探、测量并比较这群精英分子的各项数据,

包括从唇缝长度至阴囊大小等身体的各部位，并煞费苦心地记录他们的各种生理变化。精神医师让这些年轻人完成了一些当时常见的心理测验，而社工则长期拜访这些男性的亲属，挖掘其最私密的行为细节，比如他们几岁时才不再尿床。

1967年，精神病学家乔治·韦兰特接手研究，照看着这群多数已功成名就的研究对象，其中包括前总统肯尼迪、一名总统内阁成员、一名报社编辑、一名畅销书作家，以及四位国会议员。但事实上，成功背后有不少令人唏嘘的故事，到50岁左右，多达1/3（108位）的成员出现了临床心理疾病，还有相当大比例的成员严重酗酒。

那些被认为最有天赋的人却过着彻底失败，甚至毫无意义的日子。其中有位被选中的年轻人，父亲是富有的医生，母亲是艺术家。研究人员在计划开始时写道："这位被试者展现出卓越的个人特质：坚毅、聪慧、健康、良好的判断力、高尚的理想。"但到了31岁，这个人开始敌视父母，最后敌视整个世界，然后突然人间蒸发，韦兰特和同事找到他时，发现他过着无业游民般的生活，和有精神病的女友约会，狂抽大麻，吹嘘着往日时光，最后英年早逝。

另一名年轻人当初被认为是所有成员中"最有活力"的，但他却到处打零工，离了好几次婚，最后出柜，变成同性恋权利运动的领导者，然后变成酒鬼，在64岁时因为醉酒摔下楼梯致死。

博克对这些精英分子后来的凄凉状况感到十分惊讶。"我当初挑选他们时，他们都很正常啊，"20世纪60年代当韦兰特找上门时，博克说，"一定是当时的精神科医生弄错了。"

关于人生的可靠预测，全都不符合这次的抽样调查。韦兰特另外一项研究的对象，是"格鲁克那群人"，追踪时间同样也是 70 年。这项研究是哈佛大学那群人的相反版本：观察对象是一群居住在波士顿城内的男孩，他们的父母生活穷困且大都不是在美国出生。

韦兰特非常谨慎，以避免以偏概全，但他还是注意到贫富两群人有着共同的特点：有钱或出身良好，并不能保证能有个快乐美好的人生。好运气不能保证带来快乐，特定的人格类型不能保证快乐。快乐与否的最重要因素，似乎不是你人生中面对的困难有多少，而是你应对困难的态度。

身为精神病学专家，韦兰特对"适应能力"或防御机制特别有兴趣：人在不知不觉中应对压力的方式，不论压力是来自身体的疼痛、各种形式的冲突，还是不明来源。随着时间的流逝，他的研究对象中最成功的人发展出成熟的适应能力，例如能以幽默或建设性方式解决冲突。然而对那些最长寿的人来说，让他们获得长寿及快乐生活的首要特质，却是利他。

比如有一名有抑郁症倾向、涉世未深的年轻人，中年后却成了精神病学专家。因为他在一次发病时得到了医护人员的亲切对待。这个无私的小小行为帮他开启了人生的光明道路，让他拥有了一个可以帮助别人的成功人生。

面对危难，你选择伸出援手，还是袖手旁观？

2005 年 8 月 2 日，星期二，法国航空空中巴士客机试图在暴雨中迫降多伦多皮尔逊国际机场,最后飞机冲出了跑道。一开始,加拿大总督收到的是309名乘客多数罹难的通知,但等到雨势平息、情势逐渐明朗后,才发现所有乘客都活了下来,只有40人受伤。

飞机坠毁在安大略省的401号高速公路附近,上百位路过的司机把车子停靠在路边,冲进飞机舱抢救生还者。尽管八个紧急逃生口中有两个无法使用,但这些素昧平生的人一起携手合作,在飞机爆炸前几分钟之内,将所有人安全救出。

法国航空的这个例子,打破了1964年以来对于"旁观者效应"的成见。当年28岁的吉诺维斯遭受了长达1个小时的残忍攻击,而她在皇后区的38位邻居不是目睹攻击,就是听见了她的尖叫声,但据报道没有一个人伸出援手。吉诺维斯谋杀案引起了媒体的大量报道,还引发了一个社会心理学术语"旁观者效应":有人陷入困境的紧急情况下,旁人伸手援助的几率与旁观者人数成反比,也就是说,旁观者数量越多,他们当中任何一人进行援助的可能性就越低。"责任分散"使他们不容易伸出援手,因为每个人都在等着其他人自告奋勇先出面。事后目击者甚至还会倾向于嘲弄受害人,以减轻没有伸出援手的罪恶感。

但法国航空的客机坠机后发生的事情挑战了旁观者效应的假设。数以百计素昧平生的人放下他们的事情,冒着生命危险冲进飞机帮助一群日后不会再见面的陌生人。许多人甚至还开车载着乘客到机场,并未担心其中可能有人是造成飞机失事的恐怖分子。

这种与生俱来的帮助陌生人的渴望，后来由一群哥伦比亚大学的研究生加以验证。在两个多月的时间里，他们派出四组学生在纽约地铁59街站搭乘第八大道A线列车，从上午11点到下午3点之间往返于哈莱姆和布朗克斯区之间。刻意选择这条路线，是因为在59街和125街之间没有停靠站，这意味着在这几个小时内，搭乘此列车的4000多名乘客有近七分半钟的时间，无从选择地成为紧急状况的目击者。

每一组都有4名学生：一名扮演"落难者"，一名扮演"模范"，后者会在没人出手协助时出面帮助落难者；另外两位学生则不动声色地在一旁记录数据。落难者有两种装扮：一种是手拄拐杖的残障人士，另一种是拿着装酒瓶的纸袋、浑身酒气的醉汉。上车一分钟后，落难者会摇摇晃晃地往前摔倒在地板上，而模范角色则在救援预定时间已过、却没人援助时再挺身相助。

实验证明，在大多数情况下，模范的角色都无用武之地：两种类型的落难者都会得到立即和进一步的帮助。手拄拐杖的残障人士获得帮助的机会高达95%；而即使有些人因为对方是醉汉而稍有迟疑，但仍有50%的机会得到帮助。至于落难者的肤色似乎并不重要：落难的黑人和白人得到帮助的比率是一样的。车厢乘客的人数，似乎也和伸出援手的意愿无关：在近2/3的试验中，同时有两三名甚至更多的好心人士冲上来帮忙。

这项实验结果挑战了吉诺维斯症候群的论证，因此有人质疑这起凶杀案只是恶性报道的一个例子。哥伦比亚大学的这些论文作者说:"事实上,人们有相当高的几率会伸出援手。"就算是在无情都市的代表——拥挤的纽约地铁——里,多数人还是不吝帮助他人摆脱困境,不论对方是哪个种族。地铁的好心人研究,以及法国航空事故等真实案例都表明,看到有人身处困境时,大多数的人都会本能地挺身而出给予协助。

我们大多数人内心对建立键结的渴望是如此强烈,以至于让我们不假思索地冲进正在燃烧的飞机里救人。

走出小我,找到人我之间的键结

心理及社会学家奥利纳继续研究这一类人,以便弄清楚"旁观者"和利他的"行动者"之间有些什么区别。他采访了1074名各种类型的英雄人物,其中包括帮助藏匿犹太人的基督徒、9·11事件中冲入世贸中心救人的消防员、卡内基英雄奖得主和其他道德典范,试图找出利他性格最重要的特质。他发现,尽管人类天生慷慨且无私,但这些特质的显现仍与我们被教导看待这个世界的方式有很大关联性。当我们认为自己有人性且将世界看成是一连串有意义的互动时,我们的天性会被强化。此外,在关系紧密的社群内,利他似乎是慈爱及良好教养的自然延伸。那些具有键结感的人,会不吝对自己人表达这种连结。

奥利纳的研究,为我们提供了一些重要发现。我们的文化及教育若不是剥夺了我们与生俱来的权利,就是对之加以培养。能够设身处地为他人着想的孩童,其"利他观点"也会跟着一起成长。这种强烈的社会契约感,会鼓励他们成为团体中的一员并遵循严格的社会规范，去履行共同的义务，以及保持良好的声誉、守护友谊，并且避免招惹社会的非难。他们学习如何在社群中各司其职、恪守本分，就算在家里也一样。

在利他者眼中，社会是一个包容一切、超越种族和宗教等巨大差异的大团体。不论是第二次世界大战期间帮助犹太人的基督徒，还是在9·11事件中冲进世贸中心大楼的消防员，奥利纳研究中的援救者通常会谈到他们对全人类的道德义务：所有人类都是不可分割的键结中的一环。他们懂得助人不该期望回报的道理，对于他人的痛苦能感同身受，他们能在不同宗教、种族、经济水平或性别的人身上寻找共同点，他们的朋友来自各个阶层。

利他主义者超越了人与人之间的异同，找到了通往共同键结的道路。

女作家斯维特拉娜·布罗兹在20世纪90年代南斯拉夫战争期间搜集了90位幸存者的第一手陈述资料，她发现了以下类似的特质：他们都提到了陌生人成为对抗残害无辜罪行的"行动者"。她写道，这些人都是"这个邪恶时代中，善良、富有同情心、具有人道精神及公民勇气的典范"。

哈佛大学的研究人员南希·布里顿和珍妮弗·利宁在世界冲突最频繁的地方进行了数千个小时的采访，这些地区包括波斯尼亚、阿富汗和柬埔寨。她们发现勇敢的行动者具有四种与众不同的美德，其中最重要的一点是：他们可以感受到与不同人之间的共通点。他们会尽量找出与他人之间的"相似点"——无论多么细微。这些行动者将"己所不欲，勿施于人"当成金科玉律放在心上，以自己希望被对待的方式来对待敌人。

奥利纳等人发现，利他主义者大都出身于最健全、最具凝聚力的家庭，而旁观者及故意伤害他人者，在某种程度上是强化社会原子化的反推动力：自私、偏见、种族歧视和不诚实。在多数情况下，他们缺少亲密的家庭生活，可能自小就受到忽视、缺少关爱或受到某种虐待。自私是过度个人化的病态表现，或至少是缺乏教养的结果。

良好的教养可能会强化我们的利他天性，但为何做好事会让我们感觉美好呢？我们的动机真的是无私的吗？或者说这一切的核心，其实只是源于自私呢？

多数生物学家认为，利他行为归根结底通常是为了自私的目标。"社会交换理论"主张，人类的所有行为背后一定有对回报的预期，不论是来自他人还是环境，无私的行为只会出现在如此做的好处超过风险时。就像英国哲学家托马斯·霍布斯所说，任何人的无私行为，纯粹只是"让心从同情的痛苦中解脱出来"。根据这个想法，我们做好事，基本上是基于内疚或害怕朋友的报复。进化生物学家迈克尔·吉塞林更冷酷地表示："抓破利他主义者，看着伪君子流血。"

前堪萨斯大学社会学教授丹尼尔·巴特森拥有神学和心理学双博士学位，他曾主持过数个实验，企图解答人类无私对待他人，究竟是纯粹为了协助伙伴，还是为了让自己感觉良好，或是想让别人对自己有好印象。巴特森严格控制实验条件，以便能分辨出真正的善行，而非为了赢得认可、提升自我形象或避免自责等其他原因才去做。在一些研究中，他要求被试者不要去帮助他人，以便了解他们真正的动机。

巴特森提出并捍卫了"同理心—利他主义"的善行动机，他指出，在近 25 个研究中，利他行为并不是由内疚、悲伤或羞愧等社会性情绪引发的。反之，这也证明了"同理心—利他主义"的假设：人们只要能设身处地为他人着想，就会伸出援手。

在其中一项研究中，巴特森和其同事利用功能磁共振成像技术，研究人们观看病人进行痛苦的医疗活动时的大脑活动。当观看者将自己投射到情境中，并想象自己亲身经历这些手术时，痛苦程度会增强，那些与疼痛相关的大脑区域则会被激活。而当他们能够感觉病人的内在状态及可能的感觉时，痛苦程度则会下降且提高对病人的同情。

在另一个实验中，巴特森也得到了类似的结果，他要求被试者从三种角度中选其一，来倾听刚失去双亲的年轻大学生"凯蒂"讲述个人面临的困境。当被试者想象自己正陷于该处境时会增加个人压力，并阻碍了其帮助他人的能力。而最具同理心的人则能够走出自己的情绪，转而专注在凯蒂可能的感觉上。

巴特森的研究工作显示了利他冲动的一些重要本质。想象自己处在同样的状况，不会使我们伸出援手；相反，只有真正理解另一个人的感受时，我们才会按照本能的怜悯去行动，超越自己的感觉，采纳他人的观点。当我们真正感受到另一个人的痛苦时——而不是单纯地想象自己在相同情况下的痛苦，就能促使我们采取利他行为。巴特森的研究说明，利他行为需要完全摆脱自己，并进入别人的心境。

巴特森经由实验结果发现，"同理心"可能是刺激"利他"行动的源泉。前亚利桑那大学心理学家及《影响力》一书的作者罗伯特·恰尔迪尼提出了一个更全面的解释：当我们帮助别人的时候，我们会丧失个人主体意识，暂时进入一个合一的空间。当你走出小我和个人主体意识，并进入其中的空间时，利他心态就会顺势产生了。

本章摘要

1. 许多进化生物学家都强调生存竞争在进化过程中的重要性,为了能够生存下去,所有物种的天性都是自私的。

2. 亲缘选择理论:尽管基因天性是自私的,但是由于近亲体内有不少共同的基因,因此个体之所以会出现利他行为,是因为这种行为能增加同类基因传递给下一代的机会。

3. 俄国生物学家克鲁泡特金的互助进化理论,推翻了自私进化理论,主张自然选择偏好于合作而非竞争。克鲁泡特金认为自然界中存在着异种之间的竞争,但也普遍存在着同种之间的互助关系,生命体要一起对抗外在环境的敌对因素,才能得以生存。

4. 利他行为不仅会出现在同种动物身上,也会出现在异种动物身上。

5. 不求回报的付出,是我们建立彼此键结的一种天生本能。我们最根本的欲望不是支配,而是帮助他人。

6. 利他行为并非是后天教化的,而是我们与生俱来的天性,就像饮食及性一样必要且令人愉悦。

7. 乐善好施的人会活得更快乐、更健康长寿。

8. 能够真正体察他人感受的"同理心",是启动利他行为的动机。

第八章　互惠，人类生存的最佳策略

> 在我们彼此的链结之内，存在着强烈的公平竞争感，这种"强互惠"让我们愿意牺牲个人的资源来获取平等的合作关系，并且惩罚那些破坏合作的不公平行为。

在电影《美丽心灵》中，罗素·克罗饰演物理学家约翰·纳什。故事发生在1948年，他和几位研究生同学坐在普林斯顿的一家酒吧里，自动点唱机大声放着摇滚音乐。

"我不是请各位先生来喝啤酒的。"心事重重的纳什边说边在一叠散落的纸上涂鸦。

"哦，我们不是为了啤酒来这里的。"他朋友回答道。一位迷人的金发女郎和她的褐发友人走了进来。五位年轻人马上被她吸引，但是问题来了：他们谁有幸能赢得金发女郎的芳心？纳什的朋友援引经济学家亚当·斯密的话："在竞争中，个人野心为共同利益服务。"从这个角度来看，有人指出，最佳的策略基本上是"人各为己"。

"亚当·斯密的话需要修正，"纳什抬头说道，"如果我们全都去追求金发女郎并彼此妨碍，没有哪个人能把她追到手。然后如果我们再去追求她的朋友，将会遭到冷漠对待，因为没人想当第二选择。但要是没人去追求金发女郎呢？我们就不会互相妨碍，也不会冒犯其他的女孩。这是制胜的唯一方法,这是我们所有人都能泡到妞的唯一方法。"

"亚当·斯密说,最好的结果是团体里的每个人都竭尽全力为自己。不尽然,不尽然!"纳什说,"最好的结果是团体里的每个人都竭尽全力为自己……还有团体。"

纳什起身冲出酒吧,差点撞倒了那位金发女郎,他简短地说了几句话感谢她提供灵感的话,然后就回到自己的房间,潦草地记下他的原创成名理论,最后还因此获得了诺贝尔奖。

生物学里的博弈论

这一幕的用意在于描述20世纪经济学的重要一刻,不过为了戏剧效果,《美丽心灵》简化了纳什均衡的成因。

纳什均衡解释了博弈论的基本原理,以数学家纳什命名。博弈论是数学的一个分支,用以仿真及预测个人和团体在特定压力情况下的行为和策略。顾名思义,博弈论是精心安排博弈,要求参与的每个人做出决定,将某人放在困境中,看他自然而然的反应。博弈论可用来模拟策略互动——当给予个人的选择和偏好结果都非常有限时,个人会如何应对他人的行为。大多数博弈也预先安排,使参与者容易选择自私的选项。通过将个人放在某种社会困境中,博弈论本质上是在衡量人类的雅量。

纳什均衡的设计适用于非合作的博弈,其中每位参与者均独自做决定。然而,纳什均衡的重点是,每个人将做的抉择都取决于其他人所做的抉择,也就是每个参与者会根据其他人的所作所为来尽可能帮自己找到最好的位置，而在其他人做出抉择后，没有人能独自改善自己的地位，于是所有人都达到均衡。电影里纳什恍然大悟的描述并不完全正确，因为要是所有朋友都选择褐发女郎，你的最佳选择就是追求金发女郎。此外，就电影的描述，有个人注定是吃亏的，那就是那位金发女郎。

对信仰进化论的学生而言，生命的本质就是一场博弈。博弈论最初是用来预测冷战期间的策略，之后也被用来描述经济行为。1972年英国进化生物学家约翰·梅纳德·史密斯则用博弈论来研究动物行为，预测有助于动物族群繁衍和生存的竞争策略。目前，博弈论已用于模拟所有的社会科学及进化生物学，如生物学家利用博弈论来预测动物在某些复杂的社会环境中的反应。

生物学家设计了一大堆夹杂着外来名称的博弈，比如，鹰鸽（战和）博弈、两性战争、布尔乔亚、易装癖、鬼祟行为、乞讨者等，用来论证哪个策略会通往进化上稳定的位置。

英国莱斯特大学心理学系学生林赛·布朗宁对鹰鸽博弈十分有兴趣，这种博弈以战争中两种极端（战或和）的立场命名，用以说明在任何为资源而竞争的动物族群中，好战个体与反战个体之间需要建立稳定的合作关系。在博弈中，完全对立的策略是非战（鹰）即和（鸽）：鹰总是会和对手一决生死，鸽则拒绝决斗。而在自然环境中，全部是鹰派或鸽派的族群将无法存活，因为鹰会持续滥杀，让整个族群数量剧减，而鸽则过于被动，让鹰有机会大展身手并快速取而代之。鹰鸽博弈说明从进化的立场,最稳定的状态是鹰和鸽的混合族群。但是布朗宁仍有疑问:鹰在什么时候能学会与鸽合作呢?

布朗宁想要解决更大的问题,也就是在整个动物界中合作究竟是如何进化的。如果适者生存是铁律,为什么生物还要合作呢?有合作精神的动物帮助其他动物,有时自己要付出代价,而自私的动物则会滥用这种援手。于是她要问,是不是自然选择应该会偏向自私的那一方呢?这种疑惑有点像她自己面对的矛盾:如何让基督教和进化论的信念一致。

布朗宁有幸与心理学教授及英国博弈论权威安德鲁·科尔曼共事。布朗宁的父亲是程序设计师,她就是因为计算机程序设计的专长而获得科尔曼的青睐,这对心理系学生来说是非常罕见的。布朗宁在毕业论文中总结说,合作已经发展成最强大的进化策略。她仍想进一步探索。毕业后,她继续在牛津大学攻读博士学位,然后结婚生子。接着她得到一笔奖学金后回到莱斯特大学做研究生,以便完成她和科尔曼早先的工作。

囚徒困境的"以牙还牙"策略

布朗宁想建立一个计算机程序,通过博弈论来观察合作的演化。她的灵感来自密歇根大学政治学家罗伯特·阿克塞尔罗德以计算机竞赛来破解博弈论的最大悬案:囚徒困境重复博弈的最佳策略。这种特殊的博弈是研究合作性质的完美媒介,因为全部博弈都绕着合作与否的问题打转。两名罪犯应当合作还是出卖对方？此外，如果想赢得最高的分数，为何要实行貌似较低分数的合作方式？

阿克塞尔罗德邀请世界各地的博弈论专家来参加，每个人都扮演囚徒困境模型中的一名囚犯，并把自己的策略编入计算机程序中，与对手重复博弈200次。最后获胜的是多伦多大学数学心理学系的俄裔教授阿纳托尔·拉波波特，他最感兴趣的领域是战争、和平与核裁军的心理学。拉波波特以机巧简单的策略获得了决定性胜利，他的策略只以四行计算机程序代码写成，他称之为"以牙还牙"。

在第一个回合，他选择与对手合作，而在后来的回合中，他只是单纯地复制对手前一轮博弈的行动，换句话说，如果对手上一轮选合作，那在下一回合他就选合作，如果对手上一轮选择的是背叛，那下一回合他就选背叛。所有博弈他都如法炮制，直到对方转变战术为止。照着这个并非单纯善良的策略，合作总能拿到最高分。

阿克塞尔罗德研究并发表了这些初步结果，然后进行第二次竞赛，让"以牙还牙"策略迎接更多挑战。然而，"以牙还牙"策略还是立于不败之地。

阿克塞尔罗德试着举行第三次竞赛，这次模拟的是生态环境中的博弈。他要求程序设计师将参与者设计为成功就有较大的生存机会：一个回合的策略越成功，下一回合将越具优势。在模拟进化的过程中，较占优势者会拥有更多的后代。

这一次的生态博弈，其结果令人惊讶：始终如一的善良与合作最后战胜了自私。这对许多进化论科学家来说，无疑是当头棒喝。

政治学家、宗教领袖也惊讶于这些看似简单的结果,认为"以牙还牙"给了全人类一个新的启示。《和平杂志》的编辑梅塔·斯潘塞将其描述成"极为有效的奖惩,很快就让对手看到合作的优点"。拉波波特的策略,可以说提供了一个"用于现实互动的可行法则"。

竞赛结果改变了阿克塞尔罗德对合作的看法,他在一系列著作中深入阐述。简单来说,"以牙还牙"就是凭借对方的行为来进行惩罚或奖励。阿克塞尔罗德将这个教训浓缩成几句简单的准则:其一是一定要从合作开始;其二是用背叛回应背叛,以合作回应合作;其三是要宽容及公平,不因为对方的背叛而怀恨在心,一次自私的背叛只处以一次惩罚,当对方有善意的回应时,你也宽容地以善意回应。

两性博弈的最佳策略:轮换

然而,布朗宁对这些结果还有几个重大疑问。从某种意义上说,拉波波特的程序编写具有某些特定的伦理准则,比如善良或公平。她想知道合作背后是否有更加基本的冲动。她和科尔曼决定测试这个假设,他们编写了一个程序让大批参与者完成一定回合的较量,在这之后他们会"繁殖"。此时得分最高的参与者,其程序代码将一分为二。一名"亲代"程序的前半部分和另一名"亲代"程序的后半部分会连在一起变成"婴儿"。每位参与者的结果用分数决定,得分最高的参与者将比输家繁殖出更多后代。亲代得分最高的20名后代会接着互相竞赛。程序以这种方式模拟自然选择(天择),其中最适生存(最成功的)的博弈参与者将会生存下去。

科尔曼建议布朗宁安排另外一场"两性战争"博弈。在这种博弈中,参与者就像一对夫妻为晚上出门要做的事而发生争执:妻子建议去看芭蕾,但丈夫想去看职业拳击赛。双方都想力争到底,但又想一起行动,不希望落单。他们有四种可能的方案:一是两人都去看拳击;二是都去看芭蕾;三是分开行动,各自去自己想去的地方;四是单独去另一半想去的地方。布朗宁的程序将博弈设定为双方一起去其中一方偏好的选项,选的若是另一半心仪的地方会得到最高分。因为是用计算机仿真,运算十分快速,布朗宁设定博弈在每天傍晚进行一万个世代。

一天晚上,布朗宁凌晨一点醒来分析结果时,注意到有些奇怪之处。她在给科尔曼的电子邮件中语带保留地写道:参与者似乎在轮换。得分最高的参与者会先一意孤行,然后屈服于另一半的偏好选项。有时候一名参与者会让另一半一回合、两回合或三回合,接着另一半会回敬同样的回合数。一旦一对夫妻开始轮换后,很快就会发展出完美的协调能力,最后适应于彼此平衡的稳定接力赛之中。

布朗宁一开始的反应是:这不可能发生。因为她没有在程序中设计参与者轮换的行为准则。她所做的就是让程序自动运算出他们采用的最佳策略。轮换现象是自发性发展出来的。

布朗宁整夜重复执行程序,然后也在其他博弈里试验他的程序。每个回合和每种博弈都产生了相同的反应。

第二天科尔曼全面检查了所有的数据，证实了他所怀疑的事情：从来没有人证明过合作能通过轮换来进化。轮换自发性地发展成纳什均衡：这不只是适合团体的最佳策略，也是适合每个人的最佳策略。他们建立的计算机程序完美地模拟了自然界的适者生存，而幸存下来的，是最具有合作精神的。布朗宁认为，这一定是自然界原始的驱动力——生命本身的冲动。轮换不仅是合作的关键和社会重要的黏合剂，也是最稳定的进化策略。每个人与他人相处的最佳策略，就是彼此轮换。

这个结论也符合布朗宁本人强烈的基督教信念：己所不欲，勿施于人。想要成功，不用每次都争得你死我活。最成功的策略，就是单纯地等着轮换到你。

布朗宁用怪异的计算机程序，无意间发现了社会键结的另一个基本驱动力，任何一个成功社会的精神所在，就是轮换（或称互惠），这也具有公平竞争的意味。每一个人从小家庭进入到较大团体的那一刻开始，似乎就会发展出强大的公平感。而正如布朗宁所证明的，合作要维持下去，只能在个体彼此公平的范围之内。我们的生存取决于给每个人一个机会的能力，以及社会开始因公平和互惠而质变的程度。阿克塞尔罗德的囚徒博弈实验、布朗宁的两性博弈实验，都传达了一些发人深省的观点：我们的内心深处知道，我们应该超越自身的利益，以更多的包容来看待万事万物。

最后通牒博弈，公平性的检验

在麻省理工学院任教的瑞士经济学家恩斯特·费尔，研究的是公平性的经济学。费尔本人就是一个矛盾：他是前摔跤冠军，却对人类之间的合作行为深感兴趣。他主持的著名研究，证明了慷慨是人类与生俱来的特性，而且我们对不公平深恶痛绝的心理——他称之为"对不公平的嫌恶心理"。

费尔以经典的"最后通牒博弈"来检验他的理论。在博弈中，被试者随机配对，但不让他们碰面，然后他将这些配对再分成"提议者"和"回应者"两方。费尔给提议者一笔钱，譬如10美元，由提议者分配他认为的恰当数目给回应者，而回应者的任务就是单纯地接受或拒绝这笔钱。如果接受，就会收到谈好的钱数，剩下的钱就留给提议者。如果回应者拒绝对方的出价，双方都拿不到钱。两人都知道出价只有一次机会，不可能有机会做出更好的交易，因此才称为"最后通牒"。此外，因为博弈只进行一次，两人都知道这不会有什么报复行动。

如果人类是天生自私的，对提议者来说，最合理的做法是留下最大份额给自己，因为对回应者来说只能接受，否则一分钱都拿不到。博弈中双方身份都保密，两人不会再有互动，也就没有慷慨或吝啬自私的社会压力。

事实上，上述情形在任何一个社会的配对中都非常罕见。博弈在科学条件控制下在世界各地进行，横跨许多文化，结果却非常一致。费尔说："如果选取两个陌生人做匿名交易，有很高的几率会出现自发性的利他行为。"最常见的出价是50%，总平均值则介于43%~48%之间。这意味着提议者宁可少拿点钱，也要跟素昧平生的人一起公平分享。

更有趣的是，人们往往会惩罚那些越过公平界限的人。最后通牒博弈的回应者通常会回绝两成以下的出价，若总金额是十美元，他们会拒绝接受两美元以下的出价。社会学家称这种冲动为"利他性惩罚"，即便自己要付出代价，我们也要惩罚不公平。这表示在我们彼此的键结之内，存在着强烈的公平竞争感，费尔及其同事称此为"强互惠"：愿意牺牲资源来获取平等的合作关系，并且惩罚那些破坏合作的不公平行为。这种冲动如此强大，使得我们不计后果，比如说为了惩罚那些拿到不义之财的人而拒绝自己应得的奖励。我们宁可空手而归，也不愿意让某人拿着超出公平数额的钱离开。

最后通牒博弈的研究大都在大学校园里进行，参与者大都是学生。为了查明这种公平感是否也普遍存在于整个社会，费尔和加拿大英属哥伦比亚大学（又称卑诗大学）心理学系的美国人类学家约瑟夫·亨里奇合作，一起前往世界各地的偏远角落。两位科学家组成的人类学家团队在15个小型社会试验最后通牒博弈：东非哈扎人的采集觅食聚落；生活在南美洲雨林中"刀耕火种"的阿契人；游牧族群；以及两个小型的农业社会。在许多案例中，科学家在安排博弈时不用金钱，而是使用烟草等其他代币。

无论社会结构如何，几乎没有人表现出亚当·斯密模式的先天性自利行为，倒是有些文化更重视公平性。不同于大学生最常见的出价方式（各占50%），这些传统文化的提议者，提议分给对方的金额介于15%~50%之间，这个数额取决于该文化所展现的互惠程度。

在进行最后通牒博弈时,几乎所有族群都展现出某种形式的互惠精神。也有少数例外出现在社会发展还没超出个人核心家庭聚落的一些族群里,比如秘鲁东南部的原住民马奇根加人,他们最常见的出价是拿出15%,把大部分的钱留给自己。不过,尽管提议者出价这么低,回应者却几乎都会接受。这个社群还没有发展成真正的社会,除了家人,很少有一起合作或分享的机会。对马奇根加人来说,所谓"我们"的定义显然要狭窄得多,因此他们能理解的互惠只会发生在家人之间。他们似乎也不关心舆论的动向,因此不会因为羞愧感而拿出更多钱,特别是在匿名的情况下。

东非的哈扎人则出现了不一样的情形,虽然提议者同样偏向采用出价低的策略,但是回应者却有很高的回绝率。在现实生活中,这些采集群体的确会分享食物,不过猎人却经常私藏捕获成果,不让其他家庭发现,因此经常冲突不断。如果他们的生活是两性战争博弈,那么哈扎人尚未演进到超越博弈最初的自私阶段。

个人出价情形往往也反映出民风。巴布亚新几内亚的奥人和格瑙人部落成员最常提出的分享额度都超过50%,但是这个出价却经常被回绝。在那些文化里,礼物代表的是送礼者的身份和地位,因此如果收到大礼会让人觉得地位低下。

印度尼西亚传统的捕鲸村拉马莱拉是15个实验族群中最公平的,比西方社会要公平得多。该村有2/3的参与者会提出对半分享的提议,而其他1/3的人甚至会分给对方一半以上。在这个村落中,必须靠许多家庭通力合作才能捕捉到大鲸鱼，他们会将捕到的鲸鱼仔细分配，让所有人都能平均分享。对捕鲸村的居民来说，分享与生存无异。这种在最后通牒博弈里表现最公平的社会，在现实生活中对合作的依赖度也很高。

跨越物种的公平精神

莎拉·布鲁斯南是美国耶基斯国家灵长类动物研究中心及埃默里大学生命连接研究中心的研究员，她为卷尾猴设计了一种精巧的研究。这个物种因为合作行为和强烈的社会键结而出名，研究对象选择的是母猴，因为它们平常就会对不公平待遇发出不平之鸣。

在这次变形版的最后通牒博弈里，布鲁斯南将配对的两只母猴相邻关在一起，训练其中一只猴子用一小块花岗岩来换取一片黄瓜。对动物来说，这是妥协，因为它们通常不愿意让出任何东西。一旦做成交易，研究人员会给另一只猴子相同大小的一片黄瓜，但若第二只猴子能够做出和前一只猴子一样的交易行为，就会得到一颗葡萄，这对偏爱葡萄的卷尾猴来说是更好的奖赏。

做了交易的第一只猴子以及见证到不平等对待的旁观猴子都发怒了，它们拒绝以任何方式再和人类来往，也不吃它们得到的黄瓜或葡萄，在几次实验中，它们甚至还将食物扔给研究人员。

研究报告后来发表于《自然》期刊，文中认为公平感是近亲社会键结的一环。费尔认为，猴子对不公平报酬的回绝，证明了公平感是"极根深蒂固的行为"。

布鲁斯南认为她的研究，可以为人类公平性的演变过程提供一些基本线索。事实上，最新的科学证据显示，人类大脑中有一个"这不公平"的区块。罗格斯大学的心理学家招募了40名男学生，每两个分成一组，并给每个人30美元。然后两人各从帽子里抽出一个球，上面分别写着"富"或"穷"。抽到"富"的被试者会收到额外的50美元奖金，而抽到"穷"的伙伴什么都没有。然后研究人员轮流询问被试者一个问题：对于要重新分配收到的50美元奖金有何感想。同时监测他们的纹状体和前额叶皮质的活动，一般认为，大脑的这些部位和评估奖励机制有关。

功能磁共振扫描发现，"富"被试者在思索将钱分给搭档时，大脑的活动较多，而"穷"搭档则在思索得到奖金时，脑部活动较多。所有配对均显示，参与者对自己的获利比较不感兴趣，他们更想矫正财务的不公平。事实上，当个人的金钱报酬急剧增加时，这种神经活动反而会平静下来。每个参与者都想弥补他和搭档之间的金钱差额。

我们人类也会抗拒不平等的报酬，就像卷尾猴一样。如果能让所有人都有一个更公平的结果，他们会愿意放弃自己的东西作为补偿。在我们心中，只要每个人都能吃到蛋糕，分给自己的蛋糕小一点也没关系。

费尔在研究"团体捍卫聘雇合约"的行为方式时，也发现了这个天然冲动。他找来了一群大学生，分成较小群的"雇主"和较大群的"员工"两组。他让雇主与员工签约，员工提供一定量的劳动，由雇主支付一定数目的工钱。而且，不管员工的工作做得如何，雇主都会按合约给钱，也就是说万一员工不遵守合约也不会受到惩罚。此外，每位员工只和特定的雇主签约，然后进行一次博弈，而且双方身份保密，就算员工违背协议也不会留下污名。

在此实验中，如果人性是自私的，那么雇主就会希望将工资定得越低越好，而员工则会以最少的付出来回应。但实际上，这种情形几乎没有发生。劳资双方通常都很大方，而且雇主越慷慨，员工就越卖力工作。事实上，雇主大都假设员工会努力工作，因此慷慨地提供薪资。然而，只有26%的员工会依照承诺全力工作。

博弈的下一回合，则让雇主可以根据员工的工作情形付钱，给劳动成果较多的员工比承诺的数额更多的工资，而劳动成果少的员工则减薪。在这种情况下，雇主也表现出强烈的公平感。有超过2/3的人会给工作量超过合约的员工奖励，而对只是履行合约的工人则有将近一半的人会给予奖励。当员工不履行合约时，有2/3的雇主会给予"惩罚"。

而在员工这边，由于目前的情况是一分耕耘一分收获，因此多数人都完成了超出份额的工作。未达合约要求的比率从原来的83%降到26%，超额履约的人数增加了10倍。最重要的是，让雇主根据劳动成果来奖惩员工，会让双方平均增加四成的收益。此研究强化了人们渴望连结的想法，我们发展出强大、内化的公平感，并以同样的方式做出回应。

费尔本人还喜欢研究各类激素如何影响博弈。他要求参与者吸入催产素（脑部下丘脑分泌的激素，主管情绪和社会行为的活动，与亲子情感有关）或睾固酮（男性荷尔蒙，与贪婪和自私自利相关的激素）。然后费尔利用功能磁共振成像，找出当参与者全神贯注于与信任相关的博弈时，大脑会启动的区域。费尔给男性被试者吸入催产素，而给女性被试者吸入睾固酮。女性也会分泌睾固酮，但浓度不会随着雌激素和其他激素的浓度而变化。

使用催产素后，产生了预期的结果：吸入催产素的男性会更加信任他人且更愿意冒险。事实上，他们可以说是毫无保留地信任伙伴。吸入催产素的实验组即使遭到伙伴背叛，还是显示出完全信任的迹象。

在睾固酮的研究中，实验结果质疑了睾固酮会影响人类行为的成见。他给一些女性参与者服用睾固酮，其他女性则换成安慰剂，没有人知道自己补充的是否真是睾固酮。费尔记录下她们各自认为自己所服的药，然后让两组人进行最后通牒博弈。结果发现：实际补充了睾固酮的女性，在分配时表现得更公平，支付时很慷慨；而那些相信自己补充了睾固酮的人，却表现得更自私、不公平。费尔说，那些实际服用的是安慰剂的女性，因为对睾固酮的负面看法而出现了反社会行为，这并非是激素本身造成的。

费尔的实验分析相当有趣。在他看来，睾固酮会增强人们对身份和地位的认知，而社会环境中身份和地位的标准就是慷慨大方。我们认为得体的应对，会让对方更加尊重我们。这两项研究提供了更多的证据，说明我们的身体中嵌入了一个执行和谐、慷慨及信任的"程序"。

轮换能否真正实行，完全取决于这种冲动是否也存在于受惠对象的身上，如果有，那么他将会自动给出回报，才能一直轮换下去。正如拉波波特"以牙还牙"里的参与者一样，一旦受到某种方式的背叛，我们会立即做出反应。大多数人的内心都有一个讨厌贪小便宜的计分板，并想要惩罚那些拿走超出公平份额的人。对不公平的嫌恶是最明显的事实，我们想要惩罚违背社会契约的人，即使这样做自己要付出代价。

这在被称为"公共物品"博弈的博弈论中也获得了证实，它是实验经济学的另一个规范。这个博弈的目的，在于测试人类在被要求为整个社群的利益付出时的行为方式。有点类似要求旧金山的居民自愿支付一笔由他们投票决定的税收，来维护加州的公园。

在这种情境下，给被试者一些代币（最后可以兑换成真钱），请他们秘密决定要留下多少代币，而将多少代币放进公款。然后，实验人员会从公款总额中拨出一定比率的奖金（如40%）给所有参与者。如果四个参与者每个人都有20个代币且四人都将全部代币放进去，实验人员给的奖金将是80个代币的40%，也就是每个人都可拿到32个代币。虽然每位参与者都把自己的代币捐出去，但最后会因为捐献行为而获利。

此博弈的反讽在于，每个人捐出自己的代币越多，就会赚更多钱。然而，根据博弈论的纳什均衡版本——任何情况下，最好的策略是回应别人的策略——预测的最佳回应方式，并不是把所有代币都放进公款，而是将所有代币都留给自己，以免自己被那些吃白食的人（什么都不贡献或是拿出的代币比别人少的参与者）给骗了。不过，这在费尔和其他社会心理学家进行的许多公共物品实验中几乎没发生过，多数人会拿出一部分给公款，且高于捐献给公款的平均值五成。

像最后通牒博弈一样，这个博弈可以只进行一次，也可以重复数十个回合。不过，重复的公共物品博弈会出现截然不同的结果。费尔发现在重复博弈中，付出的冲动一开始会很大——最常见的是拿出四成至六成的代币，但是付出的冲动会迅速消退，到最后一个回合，几乎有3/4的人都没贡献出任何代币。

乍看之下，这似乎是自私自利的结果，但参与者提供的解释并非如此。稍后访问那些一开始很慷慨的参与者时，他们都对博弈中吃白食的人大为恼火，而他们唯一的报复方式就是停止捐献代币。其他版本的博弈，会赋予参与者对吃白食者处以罚款的权力，尽管自己赔本，他们也会乐意这么做，即使持续贡献会对个人更有利。

费尔以两种方式进行公共物品博弈——能惩罚和不能惩罚吃白食的人，他发现若能惩罚那些只想吃白食的人，博弈的合作会维系下去。此外，他也发现贡献度最大的人往往惩罚也最严苛。

相反，如果不能惩罚时，合作会迅速恶化，让博弈分崩离析。我们为了阻止他人辜负我们对奉献的期望，宁愿不顾自身的利益。这种情形，有点像纳税人因为不满社会救济名册浮滥而拒绝纳税。我们不仅要惩罚罪人,而且还要大快人心。

伦敦大学学院的塔尼亚·辛格研究是什么情况促使人们做出无私或自私的行为,她发现,人际关系对轮换的需求非常大,在受到不公平待遇后有些人无法同情他人。辛格在一项有趣的研究中验证了此想法,她检查了 32 名被试者在参与囚徒困境之后的脑波活动,在博弈中,参与者配对轮流送出分数给搭档,在结束时可兑换成金钱。公平的参与者会回报给对方以大的数额,而不公平的参与者则退还较少的数额,最后后者会收到较大数额的个人报酬。辛格瞒着被试者请来了两名演员扮演对手,演员根据指令提供对方过高或过低的数额。

博弈结束后,让被试者观看演员扮演的搭档受电击的痛苦模样,同时使用功能磁共振成像仪来观测被试者的脑波活动。不分性别,所有被试者看到公平的参与者受到电击时会出现同情的脑波反应,不过男性被试者看到不公平的参与者遭到电击时,大脑中与奖励连结的区块会活跃起来:他们正在享受报复的快感,并赞成在肉体上惩罚那些占了他们便宜的人。这说明,我们能否同情别人,事实上可能取决于所关注的对象是否能满足我们内在的公平感。

要成为群众的一分子

在现实生活中,吃白食的人有许多种面貌。我们可用 1985 年英国矿工罢工期间社会的"强互惠"行为来说明。当时撒切尔政府宣布关闭 20 个矿坑,约有两万人要失业,全国矿工开始联合罢工，特别是居住在计划关闭矿坑地区的矿工。罢工持续了几个月，许多矿工因工会经费短缺，在没有工资的极度贫穷中过了一整年，勉强靠着救济度日，而且还没有暖气可以取暖。更悲惨的是，那年冬天有三名十几岁的矿工小孩死在成堆的废弃煤块之中，当时他们只是为了找点东西回家取暖。

然而，并非所有全国矿工联合会的成员都选择罢工。几个月后，许多人跟跟跄跄地回到工作岗位，矿场条件良好的诺丁汉矿工经过表决后决定不罢工，最后创立了自己的独立工会：民主矿工联盟。

拒绝罢工的人被认为是吃白食的人，他们破坏了罢工的成果，而且因为应允回去工作而拿到比公平份额更多的钱。过了好几年，许多矿工的怒火仍未平息。20多年后，许多人仍能感受到当时坚持罢工者的恨意，民主矿工联盟主席尼尔·格雷特雷克斯只是其中一位，他的父亲6年不跟他说话，他的妻儿不断受到威胁。住在隔壁的警察饱受无妄之灾，不断有人打破他家的窗户，逼得他不得不在窗户上贴上标语——"格雷特雷克斯住在隔壁"。

1984年秋，这种恨意到达最高峰，出租车司机戴维·威尔基载着不参加罢工的矿工去工作时，被两名矿工从桥上恶意丢下的水泥柱砸死在车里。

维系或导致社会崩溃的"强互惠"力量，在英国广播公司的监狱研究"实验"中更是明显。最后，囚犯筹划越狱，守卫的权威崩溃。事件发生之后，包括守卫和囚犯，所有人都自发性地一致同意组织更平等的体系,他们称之为"自治自律公社"。

但平静的日子没有持续多久,当群体开始质疑公社的能力后,许多人对破坏规则的人不再加以制裁,团体的组织开始瓦解。有些成员开始筹划新政变来掌权,重新划定囚犯和守卫之间的界限,并建立更多权威来维持秩序,甚至戴上黑色扁帽及墨镜来强化剽悍权威的形象。公社的人没有还手,在混乱中再次同意了暴政体系。由于担心斯坦福监狱实验结果再次上演,英国社会心理学家赖歇尔与哈斯拉姆紧急终止了实验。

英国广播公司的乌托邦理想,最终问题在于没能创造出由"强互惠"关系所界定的依存文化。只因少数人吃白食及破坏规则,就让整个社群崩溃,所有人仅能靠力量团结在一起。

自私自利、漠视建立连结的基本渴望、违背人类最深层本性行事,结果会非常严重。两位英国流行病学家理查德·威尔金森和凯特·皮克特花了三十多年时间,苦心研究为什么有些人类社会比较长寿和健康。他们将研究结果写成《水平仪:为何更平等的社会总是做得更好》一书。

在普遍研究了西方国家的社会状况后,两位作者发现在研究的每个国家里都出现了一个惊人的数据:社会越不公平(经济不公平且社会阶层越多),不论贫富,所有人的日子都会越不好过,从生病率、犯罪率、精神病发生率、环境问题和暴力等层面来看都是如此。在贫富悬殊的国家,最有钱的阶级和最贫穷的阶级,上述问题更是严重。

大体来说,西方国家正处于历史上最不公平的时期,有取有予的传统观念逐渐被尽可能全拿的趋势取代。英国、美国和许多欧洲国家,贫富差距极大,几乎所有的社会指标都很不理想,远远不及日本和瑞典这些贫富差距较小的国家。美国这个拥有全球半数亿万富豪的国家,犯罪、辍学、精神病、自杀及各种疾病等社会问题最为严重,而在二十多个被研究的国家中,英国名列第三。虽然每39个美国人中就有一位百万富翁,却有1/7的美国人(约3910万人)生活在贫困线以下。

1/4的美国人经诊断患有精神疾病(发达国家中最高的数字),德国、日本和西班牙则不到1/10。虽然美国人口仅占世界人口的5%,却占用了全世界健康支出的近一半,而美国婴儿的第一年夭折风险也比希腊高出40%。希腊是欧洲最穷的国家之一,该国的人均收入只有美国的一半,而全国的健康医疗花费也只有美国的一半。此外,希腊的婴儿平均存活期也比美国长1.2年。公平跟归属感一样,似乎都是我们生存所不可或缺的要素。

公平性指标,与政府的财富分配及社会支出没有关系。例如,美国公布社会问题最少的新罕布什尔州,是全国公共支出最低的一个州,新罕布什尔州的不同之处,只不过是州民的贫富差距没有那么悬殊。

我们对不公平的反应,也与求同的心理需求没有关系。纵观历史,事实上处于金字塔顶端的有钱人不会主动进行变革,而社会的贫穷阶级通常只在环境明显不公平时才会出来造反，如人为的粮食短缺。2008年全球金融危机后，一般人对银行从业者及商人的满腔怒火，不是源自对自己所得不如人的愤恨，而是出自深刻且强烈的不公平感，比如高盛等投资公司在引发经济衰退且造成多人失业之后，还支付给自己员工破纪录的奖金。在英国，前苏格兰皇家银行总裁、有皇家"剪刀手"之称的弗雷德·古德温爵士，尽管在任内银行亏损累累，需要政府挹注纾困240亿英镑（约人民币3000亿元），离职后却厚颜无耻地享有每年70万英镑（约人民币900万元）的退休金，成为全英国人心目中的大肥猫。愤愤不平的民众攻击他在爱丁堡的别墅，砸毁他的奔驰跑车。一份发给《爱丁堡晚报》的声明这么写道："我们痛恨像他这样的有钱人，坐拥巨款，生活奢华，而此时正有许多人失业、穷困且无家可归。"

当我们最基本的需求——互相归属、身心融合、慷慨付出、等候轮换等受到阻挠时，不公平感会油然而生。然而，在今日最发达的社会中，不论大人小孩几乎都是人各为己。

在《独自打保龄》一书中揭露美国社区生活的崩溃后，政治学家帕特南再次进行了面向3万人的全面调查，研究北美的种族多样性对于信任和公民参与的影响。他惊愕地发现，某个地区的种族越多元化，居民彼此建立密切关系或与自己族群成员的深交就越少。更有甚者，他发现在其他国家也有类似的统计：种族越多元化的社群，社会信任度就越低。事实上，种族差异越大，就越会在囚徒困境和最后通牒博弈中使用欺诈手段。

这表示信任有赖于整体观——一个广义的"我们",一旦我们认定某人是"他人"、"外人",就会强化自己的分离心,不再认为有必要遵守规则。美国马里兰大学政治学家埃里克·尤斯拉纳,为了撰写《信任的道德基础》一书而着手研究世界各地的信任程度。他发现,社会越不平等,人们的信任就越少。他说:"信任不存在于不平等的世界。"在某种意义上,竞争破坏了人与人之间的键结。

现代生活的不安感,原因在于我们的生命缺少了某样深刻的东西,一种说不上来的渴望。我们正脱离与生俱来的权利,我们需要重新找回命运共同体的整体意义。留给我们的是一种比单纯不公平还要糟糕得多的情况,而我们也隐约感觉到有个重要的连结被打断了。然而,幸运的是,事情总有转机,不求回报的证据俯拾皆是。

本章摘要

生物学里的博弈论

• 鹰鸽博弈：全部是鹰派或鸽派的族群无法存活，从进化的立场来看，最稳定的状态是鹰和鸽的混合族群。

• 囚徒困境的"以牙还牙"策略：以合作回报合作，以背叛回报背叛，整个策略以全体的最大利益为依据，是一个调节互惠利他主义的重要机制。

• 两性战争博弈：利益大家轮流分享，想要成功不用争得你死我活，轮换是最成功也最稳定的进化策略。

• 最后通牒博弈：进行资源分配时，大家最重视的是公平性。

结论

1. 互惠、合作是最强大的进化策略，其最后结果总会比自私更具优越性。

2. 轮换（轮流分享）不仅是合作的关键和社会重要的黏合剂，也是最稳定的进化策略。

3. 我们应该超越自身的利益，以更大的包容来看待万事万物。

4. 人类不是绝对理性和自私的，有时为了公平性，我们宁愿牺牲自己的利益。

5. 人类会拒绝不平等的报酬，为了让所有人都能更公平，会愿意放弃自己的东西作为补偿。比如说，只要每个人都能吃到蛋糕，即使分给自己的蛋糕小一点也没关系。

6. 成为群众中的一分子，建立人我之间的键结，是我们与生俱来的渴望。

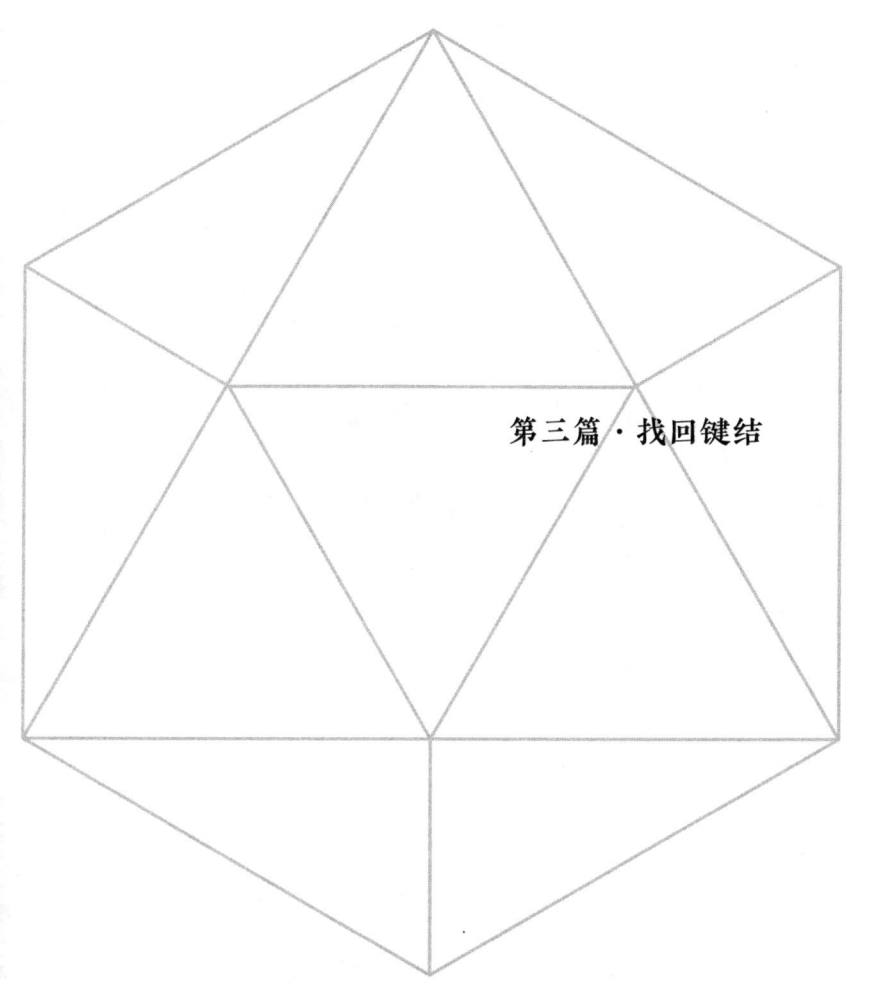

第三篇・找回键结

音符与音符之间的空白,就是音乐。

——法国作曲家　克劳德·德彪西

第九章　敞开心智，全面观照

原住民将生命看成是生命本身与力场的一种关系，认为宇宙的物质并非是一组分散的客体，而是互动、连续、融合的。世界一直处在不断变动的过程中，因此人类要学会在每个当下以更整体化的方式来看待世界。

2004年12月，三道24米高的海啸巨浪袭向泰国南素林岛的朋艾海滩，渔民小聚落莫肯村的村民，从岛上最高点的安全避难所目睹了自己的村庄和24000人惨遭灭顶之灾。村里的长老事先警告了全部约200名莫肯村民，在大浪来袭之前，除了一名残疾男孩，其他村民全部成功疏散。这时海啸向北席卷，抵达安达曼、尼科巴群岛及印度南部，居住在哲卡堂岛的古老扎拉瓦人，250名族人全都逃进了巴鲁哈森林。在依靠椰子维生10天后，他们安然无恙地幸存了下来。

安达曼和尼科巴群岛另外四处原住民部落——昂格、大安达曼、桑提内尔和宋潘——的所有族人，据说也预感到了会有海啸。当直升机在岛上盘旋搜寻生还者时，一名赤身裸体的桑提内尔人还抓起弓箭向直升机射了一箭，抗议直升机不必要的入侵行为。

预知海啸的神奇能力

在被问到如何预知海啸时,扎拉瓦族的长老耸耸肩,不置可否。这不是很明显吗?村里的一名小男孩突然觉得头晕目眩,村子附近的海湾水位突然下降,有个村民注意到海浪涌动出现了极微小的差异,小型哺乳动物发生不寻常的躁动,鱼儿泅水模式出现了小小的改变……从小时候起,这位长老就被教导要注意这些细微的征兆。大人们警告他说,来自大地和海洋的震颤将会狂暴地向前猛冲,长老知道这些迹象是海洋的"愤怒",他的子民最好往高处逃。

海啸重灾区包括斯里兰卡最大的野生动物保护区雅拉国家公园,海啸在此往内陆泛滥达 2 英里(约 3219 米)。然而,斯里兰卡野生动物保护协会主席拉维·科里亚表示,保护区内数以百计的动物只有两头水牛死亡。大象、豹、虎、鳄鱼和小型哺乳动物都藏身在避难所,或是安全逃离。

对于野生动物和原住民不可思议的幸存情况,大家都归因于其敏锐的听觉,一种能感应到地壳振动的"地震"天赋,或是了解风和水细微变化的古老智慧。"他们可以闻到风的味道,"律师兼环保人士阿希什·罗伊谈及原住民时说道,"他们光听桨的声音就可判断海水的深度,他们拥有我们没有的第六感。"

但另一种可能性更让人惊讶:他们看世界的方式跟我们大不相同。海啸侵袭前一年,瑞典隆德大学眼科生物学家安娜·吉斯兰偶然间听同事提到,被外人称为海上吉普赛人的莫肯人拥有非凡的能力,可以在模糊不清的海底采集食物,甚至不需任何的视力辅助，就能从水底下的褐色石头里分辨出褐色小蛤蜊。这种本事非比寻常，因为人类很难适应在水底下看东西，就算戴着护目镜也无法做到。在空气中，眼睛的折射能力有 2/3 是由于角膜表面的曲率，在水中游泳时这个有利条件就没了。

吉斯兰前往泰国的素林群岛，开始针对莫肯孩童进行水下试验，并与在邻近地区度假的欧洲儿童的视力相互比较。她发现了人类生物学领域最令人困惑的问题。通常在水下等模糊不清的环境中，我们的眼睛不会试着对焦，这正是吉斯兰在研究欧洲儿童时所观察到的。然而，莫肯儿童在水中时，视力却是欧洲儿童的两倍。

莫肯孩童还不会走路，就会游泳。他们自小就被教导在水中要放慢心跳，才能待得更久。莫肯儿童锻炼眼睛的"调节反应"能力，以应对模糊不清的水中环境，他们可将瞳孔直径收缩到约 0.7 毫米，以提高深度知觉。"这种能力的作用就像是相机用更小的光圈来增加景深。"吉斯兰说。这小小的适应能力让视力大幅提高，让他们就算是在水下三四米深的地方也能找出小蛤蜊和海参。

莫肯人学会如何进一步善用眼睛，他们将眼睛变成了相机，随意改变光圈，因此能够看到细节以及我们多数人不能看到的连结。他们可以看到事物之间看似虚无的空间。

换个方式认识世界

我们早已丧失对键结的感觉，但是并非无法重新获得。

只要在生活中回归整体，就能重新抓取事物之间的连结感，但是这么做，必须有一套与现在截然不同的生存法则。想要与键结共存，我们必须顺从内心寻求整体的驱动力，并在日常生活的各个层面重新理解整体。我们必须问自己一些基本问题：我们要如何将世界看成是某样东西，而不是我们生活的地方？如果不是竞争，我们又要如何看待彼此的关系？我们如何用合作——而不是竞争——将自己与邻居组织成一个有别于家庭的小团体？

我们需要换个方式认识世界，换个方式体恤他人，也换个方式组织自我——我们的朋友、邻居、居住的小镇和城市。不想遗世独立，总要有所依怙且要有所作为，我们需要改变我们生存在地球上的根本目的，不只是斗争和支配。我们必须从全然不同的观点和制高点来看待生命，如此才能看到彼此的联系。全然改变我们看世界的方式，就能见莫肯人所见，不是要预测海啸，而是察觉将我们联系在一起的隐形连结。

发达国家的人大多数人都已接受了原子化的世界观，因此缺乏感知事物之间微妙连结的能力。我们发展出以管窥天的特殊形式，只专注于寻求个体事物。在我们眼中，世界是个载体，万物分门别类，各有所属，连想法也各自存在。值得注意的是，每个物种势必会从其特定的角度来看这个世界：分类、套用规则、用本身的观点来确定因果关系。我们寻找这个剧本里的核心元素，将中心组件从背景中独立出来，将所有注意力都投注于此，而这一切，全都是见树而不见林。

我们已经忘了怎么去看。我们忽视了细微的连结、周边的感觉、风中最轻微的变化,而这些"信息"会让我们得到一个无法躲避的结论——大海啸就要来了。就连在海啸侵袭前出海在船上的莫肯人,都知道要前往较深的水域并远离海岸,而邻近的缅甸渔民却毫无警觉,于是他们就此覆灭。莫肯人听到他们死亡的消息,只能点头致意:"他们在捕捉鱿鱼,什么也没看见,他们不知道怎么去看。"

我们看见自己最根本的需要,那就是不断地寻求连结及统合,并超越个人,但当我们注视着我们的世界时,看到的全都是一个个独立的、互不相关的个体事物。我们自身最基本的冲动,与现在所见、所理解的世界,全都背道而驰。现在,我们要向莫肯人学习如何去看——看见事物之间的那处虚无空间,并开始学会认识一直都在那里、但多数人视而不见的键结,那是将所有人都系在一起的连结。

我们将开始理解最细微的部分:我们自己对他人及周遭环境的影响。我们将会发现自己的一举一动在整个生物链中引起的涟漪效应——生物、自然界、人际网络、社群成员,以及其他国家因为我们的所作所为而受益或受伤。正如莫肯人能够从鸟儿的骚动或鱼儿的游泳模式看见一连串的连锁反应,我们或许也能看清消除一切差异的空间,进而发现我们的共同点。

莫肯人给我们带来珍贵的一课,这比找蛤蜊或躲海啸的影响更为深远。这也意味着,同样是一双眼睛看着外面的世界,但并非所有人都能看到同样的东西。我们所属的文化,教我们如何去看以及要看什么,能够坦承这一点,我们就能开始采取更大也更包容的观点。

东西方文化的异同

想象在罗浮宫里有两个来自不同国家的学生,一个是日本人,另一个是美国人。他们站在安装着玻璃、温湿度调控完美的蒙娜丽莎画作前。两人都必须分别描述这幅画,美国学生开始专注在最著名的谜题上:她的真实身份以及她神秘的笑容。他注意到画中人眼睛外侧用渲染手法表现出阴影,刻意掩盖画中人的情感,而饶富深意的一抹微笑出现在左嘴角。画作的其他部分就像消失了一样,不论他注视多久,他都无法整合出一片森林——画作其他部分及画框前景的女人。

对日本学生来说,画作代表对宇宙形而上学的陈述:人类与自然之间的连结。他的目光在画中人及背景之间来回摆动,他注意到这个女人的黑色面纱针法细致,还有她的身体曲线与复杂背景间的响应,比如蜿蜒的小路、河流以及布里亚诺桥。他停下来思索这个女人身上不戴任何珠宝的用意,在那个年代,这很不寻常。足足有半个小时,他以不同角度凝视画作,用博物馆指南当作量尺,想找出违反透视法及蒙娜丽莎双手尺寸的意义。透过他的眼睛,蒙娜丽莎的样貌完全消失在画布之中。他对她视而不见,前景就像没有人一样,蒙娜丽莎无法抽离背景而存在。我们可以说这个日本学生是"见林不见树"。

这两个学生眼中所见的差异,正是密歇根大学社会心理学教授理查德·尼斯贝特毕生研究的要旨。他著有《思维的版图:东方人见森,西方人见木》一书,研究文化对思维方式的影响。尼斯贝特主张,思考过程及认知本身不具全球共通性,而是一种文化现象。世界各地的人认知世界的方式都不一样,甚至连看到的东西也不一样。尼斯贝特在他命名为"思维版图"的领域里进行了大量研究,明确指出不同的文化发展出不同的思考风格,而这一切都是从我们不同的观察方式出发的。

大多数50岁以上的美国人,读的第一本书是《迪克与简》,该书描绘了地道的美国梦,讲述一对双颊红润的兄妹、他们的小妹莎莉和黑白花的西班牙猎犬"斑斑"的故事。他们生活在电影《天才小麻烦》一样的世界里,爸爸连周末都穿西装,妈妈即使在自家厨房里也穿着漂亮的粉色洋装。每次焦点总放在其中一位在做的事:"简,你看,看迪克,迪克在跑步。"这是迪克穿越草坪的时候。

据尼斯贝特说,这种读本不只教小孩阅读,也教他们看世界的方式。在《迪克与简》的世界中,他们教导小孩子要把注意力放在个人身上。我们做事要靠自己,做什么、感觉如何,正是我们存在的核心。父母和学校的教育都强调个人凌驾于一切之上,我们学会了自己才是主体,其他一切都是客体,世界因为我们而存在,中心思想不外乎是教导及鼓励我们要独立。

从出生的那一刻起,西方的小孩就被教导要独立自主。

从婴儿床上的早期训练就教导我们要如何思考,以及某种意义上的做人道理,于是我们学会了独立自主是最重要的事。正如尼斯贝特指出的,西方鼓励婴儿单独睡,并尽快学会独立思考和选择。母亲根据贴上标记的物品和选项来介绍世界:火腿还是鸡蛋?红笔还是蓝笔?《小博士邦尼》还是《芝麻街》?已故人类学家爱德华·霍尔称这种思考是"低情境"社会的结果,意味着我们的身份与情境无关。我们认为自己是不受拘束的自由人,将你我抽离我们的社会,我们仍是同样的那个人。这种凌驾于一切之上的原子论思想——身份是独立存在的,我们是自身宇宙的主宰——时刻影响着我们对各种感觉和外来刺激的理解和关联。

另一方面,东亚的儿童则用截然不同的理念来学习和阅读。他们的第一个读本,小男孩坐在大男孩的肩膀上:"大哥爱护小弟,大哥喜欢小弟,小弟喜欢大哥。"东亚人会把自己放在整体的关系中来理解自我,不论这个整体代表的是家庭、社区、文化,还是意识。东亚人民(以及许多原住民,如莫肯人)都以这种与他人强烈的连结感来养育他们的小孩,只有在情境关系中,他们才能看到自己(及客体)。这是因为东方人界定世界的方式不同,他们会用一双不同的眼睛来观察。在东方,儿童了解人际关系及其重要性——他和其他人是一个单位,一种不可分割的键结。

因此根据尼斯贝特的说法,实际上,东方文化思考的东西和西方不一样。传统上,中国人(中华文化影响了东方许多其他文化)学会在与其他事物的关系里来理解事物。他们将生命看成与力场的一种关系,并认为宇宙的物质并非一组分散的客体,而是互动、连续、融合的。对东方人及原住民的文化而言,世界处在不断变化、永远可变且一直变动的过程中。东方人或原住民学会了在每个当下以更整体的方式来看待世界。

像美洲原住民那样的土著居民,也学会了接受身体和情绪场景的总体性。"观察,也涉及在心智上体验全世界、全宇宙的有形及无形事物之间的联系。"研究印第安与西方在"线性思考"层面的差异的印第安裔学者唐纳德·费克斯克说。他说,对西方人而言,印第安人的思想颇具魔幻色彩,它将有形和无形、现在和过去融合在了一起。过去和现在存在的所有关系,让美洲原住民所见的世界更多姿多彩。

关于世界如何运作的故事,支配了我们的认知,然后我们就只看得见被教导去看的东西。部分原因与大脑中被称为"引燃"的机制有关,这一机制由神经学家格雷厄姆·戈达德于1967年在老鼠实验中意外发现并命名。戈达德的研究兴趣是与学习相关的神经生物学,他想知道通电刺激能否加速学习过程。在实验中,他每天以电刺激一组老鼠的大脑,引发老鼠抽搐后再观察对其学习能力是否有影响。几天后,他意外发现:就算施加给老鼠大脑的电流和电荷远低于引发抽搐的程度,老鼠也会开始抽搐。不知何故,他已在老鼠大脑里训练出癫痫症状。现代神经科学家认为,戈达德的研究结果就像在点燃煤块前先用小木片点火会更容易一样,神经系统内部的通道对于早期强化过的特定连结会变得更敏感,此后就会更容易或更频繁发生。

引燃理论已经应用在躁郁症和抑郁症的治疗上，现在认为某人过去越抑郁，未来就更容易抑郁。基于对大脑可塑性的认识，我们也认识到引燃是认知的一种特征。随着时间的流逝，悲观的人在什么情况下都只看到负面，而乐观的人就只看到正面。对西方人来说，因为习惯于辨别世界中的个体事物，所以看见的总是图画的中心，寻找的总是节目中的主角。

尼斯贝特及其密歇根大学心理系的研究小组，在一系列有趣的研究中，揭开了东西方对世界看法的鲜明差异。尼斯贝特与日本北海道大学的同事合作，将两所大学的学生凑在一起，让他们观看20秒的水底影片。看过两遍后，要求每位被试者分享所看到的东西。

美国学生总是从描述画面中间的鱼开始，而日本学生更重视环境，他们看见的是场域：水的颜色、植物及海底，甚至还感受到鱼的内在生命，比美国学生的描述更能解读鱼的情绪。

尼斯贝特将修改后的影片再给两组学生看，美国学生对于与中央物体相关的改变较容易察觉出来，而日本学生则对与背景环境有关联的变化更敏锐。

尼斯贝特还发现东方人与西方人观察环境时，使用眼睛的方式也不一样。他让美国及中国被试者看一沓老虎的照片，然后追踪他们的眼动作。美国人的目光会快速锁定前景的老虎，而中国人的目光则在后面的复杂背景中飘来飘去。中国人比美国人更会利用快速间歇性的眼部动作，不过也需要更多时间来看整张照片。中国人从小就学会重视整体性，因此看相同的画面时，两种文化让他们看到了很不一样的东西。

尼斯贝特接着请日本学生和美国学生分别帮人拍照。日本学生拍的是整个场景，整个人在构图比例中相对较小，而美国人则习惯用特写拍人像。

从这一切就可看出，东西方各自的世界观以及界定自己和世界关系的方式，影响了他们实际看到的东西。西方人忙着拆解眼睛所见的东西，寻找个体的事物而非键结，因此屡次错过就在眼前的重要连结。

问问自己，你看到了什么？

英国心理学研究者和魔术师德伦·布朗有套受欢迎的派对把戏。他拿着一张地图，走向伦敦街头的陌生人并询问圣保罗大教堂的方向。在他忙着打听时，一名打扮成工人的演员手拿巨大的广告牌，走到他和陌生人之间，暂时挡住两人的视线。在这段注意力转移的时间内，布朗会快速出招：他消失了，由另一名拿着地图的演员代替他，假装他就是布朗继续问路。一开始，扮演布朗的人都与他本人相似——高个子、黑发、30岁出头的结实男子，但慢慢地，布朗越来越大胆，他找来了白发男子、秃头男子、黑人来假扮他，最后甚至还有女人。然而，不论交换身份的人外形与他有多么不同，他问路的人中至少有一半没有注意到。事实上，他们甚至没认出布朗这位当红的电视名人，或是观察到打断他们对话的广告牌上故意画着布朗的巨幅肖像。布朗跟其他人没两样。虽然他们看着他,却没有将布朗纳入自己的心灵场景中,心理学家通常称这种现象是"无意视盲"。

为了处理丰富多变的感觉和信息,我们必须选择要关注的对象。我们学会如此紧密聚焦,看到的远比自以为的少。当我们把注意力转移或聚焦在某个东西或工作上,通常就看不到眼前正在发生的事情。我们或许能识别视野中的所有事物,却只处理留意到的事物。我们也许认为自己就像相机,能够把见到的所有事物记录下来,但如果我们被"吸进"某件事情里,就连最不寻常的事件也会被我们忽视。

美国伊利诺伊大学厄巴纳—香槟分校航空心理学家克里斯托弗·威肯斯,利用飞行仿真器研究飞行员的表现,他把空气速度和高度等重要的飞行信息用"抬头显示器"叠加在挡风玻璃上。这些飞行员往往把注意力集中在飞行信息上,而没有察觉到突发状况,包括跑道上的飞机,即使它就位于视野之中,甚至还从正上方降落。还不熟悉降落流程的新手飞行员,就不会如此粗心大意,他们每次都会看到障碍物。因为对他们来说样样都是新鲜的,所以会全面观照整个画面。

选择性的观察还经常发生在救生员身上,许多救生员手册都着重讨论如何对抗这个难题:救生员时刻警惕地扫描着泳池并监视着游泳者,却往往会忽略池底的人,尤其当人就在游泳者正下方时。

纽约新学院大学社会研究学院的阿里恩·麦克及加州大学伯克利分校的欧文·罗克两位心理学家首创"无意视盲"这个词,因为他们观察到当研究对象全神贯注地看某个影像时，会忽略一个亮红色的长方形就出现在他们视野的正中央。麦克认为，虽然我们对四周受到忽视的事件没有意识知觉，但大脑却会持续注意并记录这个原始数据，特别是当它对我们有某种意义时。麦克和罗克还发现，在被试者似乎没有记录下某个特定信息时，大脑还是会加以储存备用，因为在稍后的测试中会用到它。我们所忽略的或没有意识到的事情，最后还是会渗透进知觉里。即使我们被教导只要留意最大的那棵树就好，但我们看见的仍是周围的整片树林。

人人都有的内建程序：心智过滤器

长久以来，科学家认为被称为"潜在抑制"的潜意识筛选过程，是为了预防感觉超载，以免我们淹没在每天不断涌入的感觉和刺激中。他们假设"潜在抑制"的程度降低会导致精神疾病，换句话说，神经分裂症本身不是病，只是突然曝光过度而已。不过新的观点认为，意识认知过滤刺激的能力不足，实际上可能是天才的迹象，意味着他拥有绝佳的创意思考能力。哈佛大学心理学家谢利·卡森和其同事发现，以创意见长的人，其"潜在抑制"的程度明显比其他人低。最出色的创意人才过滤刺激的能力比其他人低，甚至差上七倍之多。

卡森还发现，创造力强的人和精神分裂症有某些神经生物学上的相似性，两者有相似的思考方式，同样都能获得更多未经过滤的刺激源。据卡森说，疯子和诗人只是一线之隔，区别在于后者拥有创造性智慧。缺乏过滤能力会让人发狂，除非是能将信息妥善利用的天才。关键就在于创造力强的人不会信息超载，而是利用信息将想法以新颖迷人的方式组合在一起。卡森认为所谓的"创意"，是一种虚心接纳新经验的天赋，以及避免漏掉看似无关紧要的事情的意识。有创造力的思想家，比如原住民，会训练自己以便能看到键结。

即使现代文明如此沉迷于个人的事情，并教导我们以片面且高度集中的方式去看待事物，我们还是有可能恢复这种能力，重新发现构成世界关系的微妙之处。莫肯人真正教给我们的是：看世界的方式并非是与生俱来的，而是后天习得的技巧。吉斯兰3年后回到素林岛对莫肯儿童进行了第二次研究，这一次她的目的是为欧洲儿童设计类似莫肯人水中视物的训练课程。经过短短一个月的训练之后，欧洲儿童就学会这些海上吉普赛人的方法，能以非凡的视力看到水中细节。

我们可以经由学习去看透事物之间的整体连结，进而改变我们对事物的看法。密克罗尼西亚的原住民不靠任何仪器（他们甚至没有读写能力），就能在开阔的海洋上航行，穿梭在加罗林群岛众多小岛和南太平洋的环礁之间。

我们必须学习像新手一样飞行

宾夕法尼亚大学人类学家沃德·古德诺夫与导航技术一流的原住民水手一同生活了几个月，以尝试破解一种特别的口传测绘系统。水手们创造了一套复杂的罗盘系统，用与陆地有关的所有恒星的升落来确定自己和各个岛屿的方位。他们牢记所有可以见到的陆地,利用不同的岛屿作为与恒星相关的拖曳点,持续追踪行进距离。他们还研究活的"航海标志",例如,某种与特定地点相关、眼睛下方有颗红点的魟鱼物种,并在脑中创建简略的岛屿分布图,将其想象成如"扳机鱼"那样的具象物体。海上与天空细微的迹象,让他们能够进行准确的天气预测。比如说,某个恒星在破晓之前出现在东方的地平线,可能会在下个新月日落后带来五天的狂风暴雨。云的形状、日升和日落时天空的颜色、海洋涌浪及其相对恒星的方向,甚至波浪的形状,都能指引航海老手顺着洋流的方向航行。原住民水手唯一的备忘录是吟唱曲调,他们借此不断提醒自己这些关系的模式。

为了察觉所有事物之间的关系,南太平洋的水手会将所见事物分解成容易处理的组块,再以彼此关联的方式记忆。动物训练师、同时也是自闭症患者的作家坦普尔·格兰丁认为,这些原住民水手处理思想的方式和自闭症儿童一样。自闭症患者会将世界看成细节惊人的一个个单独小方块,观察隐藏在其中的连结,因此世界是一个由各组成部分环环相扣而成的联合体。

而"神经正常"的多数人则将细节处理成广义的整体,如同格兰丁所谓的"归并者"。我们看到某个事物的一部分,并"填充"概念性的细节来生成整体。因此当看到熟悉的景象或是完全关注某个东西时,我们就看不见它的细节。

像莫肯人一样,自闭症患者也用与众不同的方式看世界——近距离且十分详尽。他们不会对某个物体建立一个统一的概念,而是认知到信息的片段,他们是格兰丁口中所称的"分离者"。自闭症患者看到的不是整个物体,套用格兰丁的话来说,他们看到的是一场"幻灯片秀",他们拥有"存取较原始信息的特殊管道"。

动物也像自闭症患者一样,会注意每个细小独立的声音、景象和气味碎片。它们不会将这些原始数据打包成一个整体。这种超特异性发展出极端的认知能力,这就是有些自闭症儿童能够展现惊人记忆力或在复杂的图画中发现"隐藏图像"等卓越天赋的原因。他们在生活中的每一刻,都像是正在飞行的新手飞行员。

想要看到存在于空间里的真正连结,我们必须像新手一样飞行。在某种意义上,这需要减少我们的认知过程,并只以感觉来看待世界。悉尼大学教授艾伦·斯奈德的心理实验室已经证明了这一点,他先前的研究显示,天生像动物一样拥有较小额叶或额叶损伤的人会发展出超特异性的感知能力,并对大脑中存有的原始资料有较强的存取意识。当斯奈德对正常人的额叶施加低度电流后,被试者在绘图中会开始出现比实验前更多的细节,校对工作也做得比之前更好,就好像他们突然之间越过事物的整体,察觉到了更细节之处。

要学会看见事物彼此之间的连结,我们需要发展出一种技巧,用来关掉大脑中过度分析的新皮质,并强化天生的能力去发现原始资料的流动。主要的练习之一是用语言进行思考,以产生"归并器"。研究显示,人类的语言通常会抑制视觉记忆,造成"语言屏蔽效应"。原住民文化看到的比我们更多更广,是因为他们往往不用文字的方式来搜集和处理信息。

虽然我们未必能改变根深蒂固的思考过程，但我们可以学着去注意更多细节，就好像经历的每件事都是这辈子第一次看见和第一次做。古怪的是，要看见事物之间的连结，我们必须注意更多细节，而要做到这点最好的方法，就是要像条渴望出门散步的狗一样行动。

搜寻新事物的欲望，不仅是为了满足身体需求

我的狗狗奥利是查理士王小猎犬，这是皇家下令培育的品种，它生来就有一股贵气，总是一脸不屑。奥利适合扮演卡通狗"史努比"——一只坏脾气的狗，心里总想着要将怒气发在一无所知的主人身上。它从来不会到门口迎接我们，几乎不曾想过玩耍的事，也拒绝按时吃东西。我们难得睡个懒觉，它却会拍打厨房门，要求进入房子的其他地方。它在家时，几乎都窝在楼梯最底层下面，就算有人喊它，它也不肯移动半步。不过我们只要走向放着奥利的皮带的抽屉，它就突然活了过来，往空中一跃三尺。要出去散步的念头让它突然充满生气，带着无法形容的喜悦。就算没能真的出去散步，那也不错——纯粹的期待，滋味是如此美妙。

根据美国俄亥俄州博林格林州立大学科学家雅克·潘克塞普的说法，奥利突然活力充沛与它大脑中的"追索"模式有关。潘克塞普确认人类与动物界的许多成员，拥有五种共通的核心情绪，"追索"（或称好奇）就是其中之一。动物寻找东西或侦查环境，就是处在追索模式中。这个冲动由全部的基本需求来推动——食物、水、住所、性欲等动物生存的需求。

然而，追索最情绪化的部分却与目标本身无关，而是沿路的旅程。每当我们预期某件事情、热切地从事某种活动或对新事物有无穷的好奇心时，动物和人类的追索回路就会全面运作。

潘克塞普惊讶地发现，当动物或人类好奇时，会制造"自我感觉良好"的神经传递物质多巴胺。动物研究也发现，追索会让动物进入等同于冥想的状态。当我们察觉到新事物时，就会本能的感觉良好，但是只限于在我们留心寻找的那段时间。一旦动物发现了目标物，大脑的追索部位就会停止活动。动物天生就享受追索及狩猎的快感，因此它们会持续做下去，直到取得赖以生存的东西为止。它们发现好奇会让身体产生快感，因此会处处留神，甚至不怕惹上麻烦。

一般来说，野生动物比普通家畜有更多"追索回路"的活动。这可能是由于野生动物必须保持自身能力并维持高度好奇心，才能靠狩猎和追索存活，而像奥利这种家犬的搜索及挖掘行为，则是单纯为了好玩。不过就算不是攸关生死，任何动物都会为新事物着迷。

人类狩猎及采集的本能对生存已不再重要，但我们仍然保有对狩猎的热爱，比如研究谜题、绕着商店打量、研究新的想法或计划，甚至解决难题。我们之所以沉迷于侦探故事和推理小说，其背后可能就是这种冲动在作怪。事实上，从某种意义上说，好奇心对健康长寿可能是必要的。在一项针对70岁以上的长者所做的研究中，除了饮食和生活方式之外，好奇心被认为是生存最重要的决定性因素。追求新事物的心态，似乎是健康老年生活的一大支柱。

我们不停地探索，这是生命的一种完全展现。事实上，多巴胺或其他神经传导物质的浓度越高，"潜在抑制"的程度就越低。这意味着，当你正处于对某些事物强烈好奇的状态时，你可以看透事物之间的空间。而那似乎是我们理应采用的观察方式，因为当我们这么做时会自然而然的感觉良好。"追索"显现的是我们天生的倾向，保持清醒并全面观察的一种状态。

潘克塞普还有个重大发现：大脑的追索模式位于下丘脑。下丘脑被称为"大脑的大脑"，是身体自主调节活动的枢纽，也是"身心"连结的中心，协助统合所有感觉信息。它与松果体协调作用，是边缘系统的一环，可能与我们常说的"第六感"有关。这也表示，追索不只在一个层面上运转，还用上了情绪和直觉。当我们全面开火时，是从许多层面观察这个世界。

构成我们所谓"直觉"的许多情绪是由两种形态的信息流造成的，纽约大学神经科学家约瑟夫·勒杜将通往杏仁体的称为无意识的"低路径"认知信息，而通往新皮质的称为有意识的"高路径"认知信息。根据勒杜的说法，恐惧会缓慢向大脑的意识部分移动，但是到达无意识区块（较原始的杏仁体）只需要几毫秒的时间。如此一来，动物才会拥有明显的生存优势。在你的额叶还没弄清楚是否真有威胁之前，你早就逃离了潜在的危险。

看见隐形键结的另一种训练方式：内观法

想看到键结还有另一种方式：古老的内观法。这是公元前500年已被验证过的方法。这种训练要人时时刻刻觉知内在与外在所发生的事情，不要让情绪或杂念干扰了你的思维。

正念，要我们专注在当下。无论做的事情有多么单调平凡，比如正在吃玉米片、闻花香或弯腰绑鞋带，都要训练自己平定心中喋喋不休的念头而专注在一件事上。

内观法被视为提升自我敏感度的古老方法，教你学会用全部的注意力来倾听，看见什么是真实的，从每日的经历中除去影响觉知的看法、判断及观念。当你在练习内观法时，会发现你的思考和感觉会逐渐摆脱既有想法的奴役。

古老的佛教经典声称，这种专注的每日练习会明显改变认知能力，而科学研究也证明了这一点：在内观状态下，大脑会以不同频率运作。由被试者取得的脑电图记录显示，进行正念冥想时，大脑会产生不同的电波频率，增加大脑的传输频宽。

另一项研究测试了被试者在3个月的静修前后的视觉敏锐度，对照组则是没有参与静修的工作人员。研究人员评估被试者是否能察觉闪光的持续时间，以及连续闪光之间的间隔。

对照组看见的是一道连续的光，但参与静修的人，却能察觉瞬间闪过的单一闪光，并能正确区分连续闪光之间出现的间隔。这些结果，证实了内观法确实能提高视力及认知的敏锐度。他们开始学会像莫肯人一样的观察方式。

持续修炼内观法，会让心理功能产生持久的变化，因此不经判断，就能简单地察觉到眼前的刺激源，并持续意识到细微差异和细节，注意力不会受限于单一形象或念头。

其他研究也证实，在3个月密集修炼内观法后，可以增加观察的广度,不会聚焦于特定的视觉目标,而会注意到平常忽略的小型干扰流。此外,内观训练也会让你能不带个人好恶判断地全面接受所有感觉及事物,你会全心全意去观察整个生命,而不只是看你想要看的。

内观练习还能打开你对信息的直觉本能,超越用语言及感觉的沟通方式。对人际关系的情绪涌动会更为敏感,并增加自己的同理心。

培养超越定见的"空中视界"

北得克萨斯大学前社会心理学教授唐·贝克相信如果他活在1860年,并能与林肯见上一面,也许能阻止美国内战。贝克最出名的是发展出螺旋动力学系统,用以确认信仰系统的细微分级以及任何社会的复杂程度。他的研究工作是他博士论文的延续,其主题是研究内战之前美国人的分化对立。贝克发现,从赞成无偿奴役到渴望全面废止,关于奴隶制度至少有八种政治立场。他表示,当温和立场从两端消失之后,国家就会走向分裂、对立并爆发战争。"如果我们在1860年做了些事情,将可结束奴隶制度且不会损失70万条人命,"贝克说,"而且我们现在也不会还在为内战争论不休。"

贝克身为解决社会冲突的政治顾问,自称是人类的"热跟踪导弹",他身不由己地被世界热点地区所吸引:南非、巴基斯坦、阿富汗、以色列。他目前的工作是尝试打破激起人类对立的偏激想法。在贝克的经验中,造成人群对立或社会撕裂的源头,往往是对其他文化信仰体系的不宽容。"我们的语言差异，让我们倾向于刻板的印象。"他说。

20世纪80年代，他前往南非63次，成为该国黑白族群之间的调解人，也是南非从种族隔离平稳过渡到民主国家的幕后推手。他在与企业界人士的交往中发现，拥护种族隔离的荷兰后裔阿非利坎人（又称布尔人）中，许多人无法区分不同的黑人部落，而由曼德拉领导的执政党"非洲人国民大会"的党员，同样也难以分辨不同类型的阿非利坎人。贝克开始到南非各地演讲，教授白人和黑人有关族群的细微差别。他表示："我可以打破激起偏见的定义系统。"

你可以在自己的生活中开发这种"空中视界"，调整自己留意其他民族及文化细节的能力，避免一脚踩进区分"我们"和"他们"的思想陷阱中。学会质疑自己对于陌生邻居的假设，了解不同的种族或宗教信仰，以及国界以外的国家和民族。

空中视界也让你能跳脱自己的观点与偏见，以多重观点看待事物，并停止偏袒自己。身为美国国会及联合国协调员的马克·盖尔宗曾经与新以色列基金会合作，这个组织的会员包括以色列人和巴勒斯坦人，他们为了共同目标募集资金。他询问该团体的理事会如何能一同有效率地工作，一名会员回答道："我们能够与矛盾共存。"

为了解释他们的论点，一名巴勒斯坦人和一名以色列人各自写下以色列建国简史。巴勒斯坦人的标题是"灾难"，称以色列建国是一场"大悲剧"："整个村庄被摧毁，土地和财产被没收，数十万巴勒斯坦人沦为难民。一夜之间，巴勒斯坦人在他们的家乡成为少数族群。"

另一边的以色列人以"独立"为标题，纪念犹太人履行"历史权利"，在应许之地建立国家。尽管联合国的分治计划宣布以色列为一个国家，但从"建国的黎明"开始，犹太人就遭受到来自四面八方的围攻。"阿拉伯国家攻击犹太人国家"，而"犹太人英勇地驱除英国托管的巴勒斯坦，自此犹太人为了生存而奋战……"

可悲的是，这两个故事基本上都是真实的，因此冲突不断。而当你能全面观照时，就会考虑并尊重到多种现实的存在。

空中视界也让我们能超越自我观点，去寻求问题的答案。出于善意的美国军队在伊拉克引起极大不满，其中包括他们在巴格达拆除几座受人民喜爱且经常使用的足球场，以建造花费150万美元的底格里斯河公园作为"善意的礼物"。

最近贝克参加了在伯利恒举行的一场大型投资会议，一些西方跨国公司建议在巴勒斯坦进行高科技投资。令他们惊讶的是，贝克坚决主张要他们投资水泥厂。投资者担心这种基础工业的投资前景，直到贝克说服他们要透过巴勒斯坦人的眼光来看事情：难民没有永久居所，他们最需要的不是计算机或手机，而是很现实的一份蓝领工作，有固定市场的产业，以及在他们国境内有足够的建材。

一旦我们能够全面观照，就能突破自己预设的观念，超越人性的差异，一起向将我们结合在一起的空间迈进。

本章摘要

结论

1. 原住民拥有不可思议的第六感,因为他们看待世界的方式与我们不同。

2. 我们需要一套与现在截然不同的生存法则,才能重拾早已丧失的键结感。

3. 我们需要换个方式认识世界,换个方式体恤他人,换个方式组织自我。不想遗世独立,就要有所依怙且要有所作为。

4. 不断地寻求连结及统合,是我们自己最根本的需求。

5. 我们的理性心智过滤了我们接收的所有信息,关闭了我们看见键结的能力,我们需要虚心接纳新经验才能从中看到键结。

6. 古老的内观法是观察键结的一种练习方式。

7. 唯有全面观照才能消弭歧见,看穿自己的假设与定见,超越人性的差异和国界的限制。

第十章 倾听"键结"的声音

物以类聚的倾向只会强化个体的特征，反而造成个体与他人的疏离。我们总认为自己的方式是最好的，总是期待在另一个人身上重新创造自己，因此我们会找上同质性高的朋友，但这与更深层的生命体验完全背道而驰。

奥兰多·毕晓普指导年轻黑人帮派分子改进沟通技巧，但他的想法似乎太过天真。他选择的推广地区是洛杉矶南部的瓦茨，贫穷和暴力在此已蔓延数十年，瓦茨臭名远扬。

拉帮结派，是寻求认同的一种需求

20世纪90年代中期，瓦茨的街头帮派建立起可卡因买卖中心。主要帮派"瘸子帮"和"血帮"之间的对峙冲突，夺走的人命是北爱尔兰历年伤亡人数的五倍之多。白人主导的执政当局的解决方案是在洛杉矶警局成立一个特殊部门——"打击街道帮派行动组"，这导致了大规模的内部调查，是美国史上最严重的**警察不法行为**——无端开枪或殴打嫌犯、诬陷栽赃，甚至还有警察参与毒品交易及银行抢劫。

瓦茨就此成了美国种族歧视的代名词。1965年发生了瓦茨暴动，黑人群众与军警展开激战，造成重大死伤。事件起因是**警察以酒驾之名诬告并拘捕了一名黑人青年及其家人，**

引发黑人居民焚烧并抢劫1000多家白人开设的商店。美国政府调派了15000名国民警卫队和装甲部队的军人，以防瓦茨区被烧成一片焦土。"动物园的猴子"，洛杉矶警局局长威廉·帕克不堪的公开发言，又引发了一连串抢劫和纵火事件，直到警卫队封锁瓦茨区后，场面才得到控制。

30年后的1992年，瓦茨再度成为美国司法不公正的象征，游客拍摄的录像意外捕捉到警察残暴殴打黑人司机罗德尼·金的画面，后来涉案的四名警员被判无罪释放。法庭的判决引发了六天的暴动，纵火、伤害、谋杀，造成53人死亡、数千人受伤，以及超过10亿美元的损失。

虽然从20世纪90年代以后瓦茨区的谋杀率已经下降，但城市复兴的尝试大部分都失败了。由于警员无罪释放的暴乱发生在四大帮派签署和平协议之后，因此这次黑人暴动主要针对的是社区内地位逐渐上升的拉美裔及亚裔人士。2005年，年轻帮派分子袭击了位于109街、该市唯一的公共休闲中心的经理，自此之后，这里就经常性地需要警力增援。美国种族之间正在进行对话，但没人倾听瓦茨地区发出的声音。

然而就在这里，在这片真空地带，我们可以学会如何重建人际关系中的键结。毕晓普的工作是教导敌对的帮派分子如何和平相处，如果他教导的对象是你和我，我们的差别顶多只是程度上的不同，绝对不会视彼此为异类。然而，当我们的行为违背天性并从自私、竞争的观点来进行对话时，拔枪相向也不过是你我关系最极端的表现形式而已。

毕晓普，44岁，骨瘦如柴，举止优雅，口才出众，处处体现着他身上有趣的矛盾统一。他出生于南美洲，在圭亚那长大，一家9个人挤在只有两个房间的屋子里，在雨林中漫游度过夏天。1966年，圭亚那刚刚脱离英国独立，引发了群众新的集体愿景。毕晓普经常和朋友一起长途跋涉、深度对话。在圭亚那，每件事物都可分享。

1982年毕晓普全家移居美国，和姑妈一起住在纽约市布鲁克林区。圭亚那的英国教育系统让毕晓普领先纽约的课程两年，但却因为他来自第三世界国家而被降了两个年级。在他看来，当时正处于毒品犯罪高峰的布鲁克林区，才是不文明的地方。毕业后，他到大学继续攻读医学，本能地理解到他跟新环境之间的连结，就在于治疗他所目睹的一个个伤害。

在他学医期间，一名艺术家友人要他帮忙戒除毒瘾。后来当他这个朋友艾滋病发作时，毕晓普便负起了主要的照顾责任。

"他跟我说的话，我至今还记得，"毕晓普说，"死前几天，他看着我的脸，意志坚定地说服我：'你最好做你该做的事情，如果你不做，一定会后悔。'"毕晓普意识到他命中注定要治疗的不是人类的身体，而是美国社会内部的疏离。他离开医学院，创立了"绿荫树基金会"，教导帮派分子及危险的黑人年轻人放弃暴力，建立可能的新关系。

毕晓普认为，结帮派只是人类的归属需求受挫时的一种表现。和平工作者库尔韦洛·科拉说："他们本能地朝统合的路走，这是帮派形成的原因"。科拉常年在厄瓜多尔瓜亚基尔地区帮助年轻的帮派分子，而瓜亚基尔就是厄瓜多尔的瓦茨区。毕晓普的工作主要是教导年轻黑帮分子超越你我的界线，这的确是治本之道，因为唯有重建键结，才能有效抑制自我主体意识。

你的人际关系是亲密的"我和你"，还是冷漠的"我和他"？

犹太宗教哲学家马丁·布伯在他开创性的"我和你"理论中断言，我们与他人的联系基础是"我和他"，他人是完全与我们分离的客体，也因此不如我们重要。在任何情况或任何关系中，我们都认为"我"是独立且最重要的。正如尼斯贝特研究东西方的思考方式时所发现的那样：一个人的人际关系，大都取决于他如何看待自己和世界的关系。被要求自我介绍时，北美和欧洲人往往会强调个人特质，夸大其独特性，而东亚人则强调和所属社会团体的关系。对西方人来说，走在郊区街道上，房子顺理成章地在"我们"的左边，汽车和街道在"我们"右边，所有事物都围绕着我们打转，好像我们是太阳，宇宙其他事物都是行星一样。

在尼斯贝特的一项研究中，曾让美国和韩国学生选择不同颜色的笔留下做纪念。美国学生选择的是较罕见的颜色，而韩国学生选的是最常见的颜色——一方想要变成教室里面最独特的人，而另一方只是想融入。在西方世界中，想要在关系中独立及寻求独一无二的冲动，通常会转化成对权力的追求。在多数情况下，我们被迫要证明自己拥有最闪亮的那支笔。

但是就算我们想要的是连结而非竞争，通常还是会专注于故事里头的"我"。如果我要你描述你跟朋友们的第一次见面,你可能会先叙述一开始你是如何找出你们之间的共同点:拥有相似的经济条件、精神信仰、爱好、家庭结构或个人品位。你最可能选择的朋友,是那些跟你特质相近的人。这种浅薄的连结,提供给我们一种分享感及认同感。我们喜欢跟我们一样的人,有同样的价值观、态度、个性,甚至情绪倾向,而且往往会和不像我们的人冲突严重。我们加入公益组织、家长会乃至教师协会这样的团体,因为我们拥有同样的热情,不论对象是社群、游戏、信仰,还是孩子。驱动我们建立连结的信念是不断找寻相同点,这当然意味着我们用来衡量他人的终极量尺就是我们自己。

这种物以类聚的倾向只是强化了个体特征,但反而造成个体与他人的疏离。我们总认为自己的方式是最好的,总是期待在另一个人身上重新创造自己,这是一种强化自己是对的的渴望。而这与更深层的生命体验,完全背道而驰。

一个人唯有被看见,他才算真正存在

正如我们所见,当我们不再独处的那一刻,我们短暂地离开自己并自动与其他人交融,不论他们有多么不同。其他人的感觉、动作和想法会影响我们,他们同样也受到我们的影响,就算我们没有任何共通性。不论更好或更坏,不论想不想要,我们都在与所接触的每个人融合。

北美的拉科塔族将人际关系称为 tiyospaye,大致的意思是"我们没有生活在一起,但也不全然分开"。不论多么遥远或多么不友善,每次互动时,我们都在某个程度上感受到键结。只要暂时停下来去倾听,就能意识到这一点。

在友人死于艾滋病后,毕晓普前往西非和南非旅行,他向祖鲁族的长者学习,其中包括赛努西族最后的长者之一克雷多·穆特瓦。当毕晓普返回美国时,带回了祖鲁人建立人际关系的问候语"Sawubona",尽管通常被翻译为"我看见你了"(因电影《阿凡达》的纳美人而人尽皆知),但Sawubona字面的意思是"我们看见你了",而正确的回答则是"Yabosawubona",意思是"是的,我们也看见你了"。

"这不是指个人的'我'。"毕晓普说。在非洲文化中,个人被认为是过去和现在的连结,是所有生物和意识整体的连结,一个人唯有被看见,他才算真正存在。因此,所谓的"关系"不被认为是孤立的行为。毕晓普表示,观念上的复数意识也很重要,因为"看见是一种双方的对话",一种见证和有参与义务的行为,包括见证你自己和他人的存在。毕晓普的意思是键结是不可少的,在我们与另一个人连结的时候,我们形同签订了合约,一起进入两人之间纯粹连结的空间。

"对我们来说,这是邀请对方进入彼此的生活,"他说,"以探讨生命的共同潜能,同时也让我们有义务帮助他人——在提升生命的那一刻给彼此所需要的东西。"这个道理听起来类似祖鲁人乌班图的价值观,意思是"你在故我在"(我的存在是因为大家的存在),表示彼此共同创造,是观察者,同时也被观察,我们承诺在关键时刻提供他人所需,不论是食物、水还是更深层的支持。

我们可以通过任何一种方式与他人建立关系，让我们尽己所能地分享这个时刻，准确地提供协助他人茁壮成长所需要的东西。键结改变你我之间的交易性质，从自私目的变成更广泛的关注，唯一目的是建立起两人之间的连结。

毕晓普告诉他那些年轻的朋友，要把遇见别人当成个人挑战："我要怎么做才能让他人感觉自在，让他们能真正做自己？我要通过什么方法，让他们在这个关系里充分感受到自由？"在这种关系中，"我"和"你"一起成长，因为你我的差异已无关紧要。每个人都可以将自己当成工具，提供纯粹的连结体验，只是因为两个人都在呼吸。"通过Sawubona，"毕晓普说，"我们可以感受到另一个人的本质，没有个人想法造成的判断或偏见。Sawubona是通往人性至善的道路。"

一旦我们将自己看成是整体的一部分，对待彼此的方式就会不同。从关系中去除自私自利的目的，停止对抗天性，顺从朝向整体的本能，如此就能轻易地在连结中包容异己。

毕晓普还讲了许多关于空间的概念：我们居住的物质空间、良性关系中的心理空间，以及深层交流的空间。他认为"空间"就是"庇护所"的代名词，而"庇护所"代表的是一种完美的连结。在他看来，Sawubona"带我们进入关系的空间中，一个能和他人共享的空间"。

洛杉矶的帮派经常为了争夺地盘而发生冲突，在瓦茨这片公共空间里，毒品交易是主要的经济活动。毕晓普借由消除独占性，让瓦茨区成为"庇护所"而非收入来源，每个人在此都有机会共享物质空间及身份认同。毕晓普邀请年轻人参与"印达巴",意思是"共同聆听"或"深谈",讨论话题从服务交易、寻找共同点,转移到分享彼此最深层的思想:你是谁?你的梦想为何?

他说:"要意见一致,人们必须更深地感知到自己的人性力量。"如果能做到他所谓的"深刻分享",就能顺从合而为一的人类本能,并进而发现你和空间的共同点,也就是人性。"分享的意义,"毕晓普说,"就是让不同的感知或真相共存。"

毕晓普在北加州举办了五天的留宿静修,让年轻的帮派分子离开熟悉的地盘,通过典礼和仪式让他们摆脱平日的行为模式。在随性的讨论中,他向团体提出煽动性的问题:"你何时开始觉得自己被排斥?"年轻人坦率地分享他们的过去。"创伤会驱使年轻人去混帮派,"毕晓普说,"让他们认为自己需要的是敌人。"

毕晓普引导年轻人开口,教授他们深入倾听的技巧。在深刻分享的期间,群体的吸引力建立起了信赖感,松动了他们原来对帮派的顽固依附。这次体验的强大力量,让他们有了新盟友,对未来有了更大的愿景。他说:"他们开始明白,如果他们能团结在一起,就有无限的可能性。"

这样的深层连结,疗效明显。"一旦你与更大的善建立联系,"毕晓普说,"它就能守住这个空间使其维持下去,不论现况如何。"

"瘸子帮"和"血帮"过了12年休战太平的日子,双方正在重新谈判。过去8年,毕晓普继续协助他们草拟双方共享的未来。在"庇荫树"的大型网络中,有许多敌对帮派的年轻人现在在一起工作。同样,在厄瓜多尔的瓜亚基尔,和平工作者科拉也教导年轻的帮派分子将这种连结的需求转化成对穷困族群的"服务、生命和爱的动力"。帮派分子学会将血气方刚的冲动,引导至远离暴力的创意上,他们陆续进入出版业、音乐工作室和比萨店等工作。人我之间存在的空间的力量是如此强大,就连最冷酷的帮派分子都能放下刀械。

"印达巴"类似量子物理学家大卫·博姆最早提出的对话艺术:不带任何目的、不需要有结论,这样的沟通的技巧让团体能探索真正的感觉和想法,以创造出更多的理解及更深的连结。博姆相信所有物质都具有看不见的一致性,他坚信思想也一样,而且人类面临的危机,必然与现代人思维的"普遍矛盾"有关。

我们所认识的个人想法其实是一种集体现象,是文化影响大规模融合的结果。我们看见的现实不过是用我们的概念和记忆加以着色的构想,本身受到语言、文化和历史的影响。然而博姆也说,每个人都相信自己解读世界的方式是"唯一合理的"。结果在尝试谈论最重要的议题时,我们凭着自己所见的真相来叙述,最后总会不同意其他人的看法,即便双方看法十分近似。

博姆提出一种论述方法,他认为思维会限制人与人之间的交流,因此对话时要减缓思维过程,才能探索个人和集体背后的想法、信仰和感觉。帮助每个个体认识在沟通过程中阻碍是如何发生的,这种交流有利于建立共识。博姆将对话比喻成一条四处流动的河,流经众人,强化他们之间的键结,并产生一个"具有共通意义的和谐文化"。

博姆对话的规则很简单:对话者同意会谈目的不是要得出结论或辩论;所有人轮流发言,不能独占会谈时间;对话者要随时警觉自己的反应;每个人都要开诚布公;无论听到的观点多么有争议,绝对不用自己的观点评论他人;所有人都要一心一意倾听,不带评判;每个成员努力站在其他对话者的角度上思考,理解差异,以产生更大的共识、连结和可能性。在想法自由流动与交互激荡下,创造出"共通的意义"来对话。博姆指出:"全新的思维因此产生。"

我们立场不同,但我们彼此相爱

1989年12月,美国马萨诸塞州剑桥市的家庭辅导员劳拉·蔡辛正在观看一场关于堕胎的辩论,拥护选择权和拥护生命权的双方代表僵持不下。这场辩论让她想起一些相似的行为模式,她在辅导破碎家庭时经常会面对。她想知道有些在辅导中证明有效的技术,是否也能用在政治或社会观点偏激的人身上。

蔡辛拟订了一个"公开对话计划",召集女性朋友和旧识中对堕胎议题各持看法的人,希望借由改变沟通的方式加深她们对彼此的了解。一开始,她举办了一场自助晚宴,让与会的女性可以知道彼此的立场。

晚宴后的会议中,与会者围成圆圈而坐,轮流发表意见，表达个人对于堕胎的见解，讲述促成自己信念形成的重要事件，以及还在努力解决的问题。蔡辛前后共举办了18次类似的会议，与会女性超过100人。

1994年12月30日，反对堕胎的约翰·萨尔维在马萨诸塞州布鲁克林"计划生育协会"和附近的早产儿健康服务中心，向人群开枪，造成2人死亡、5人受伤。马萨诸塞州6名赞成与反对堕胎的双方领袖，包括波士顿教区反堕胎运动办公室主任及马萨诸塞州计划生育联盟主任妮基·尼科尔斯·甘布尔，认为双方有必要展开对话，于是这六位女性秘密进行了将近六年的会议。

慢慢地，她们学会了停止使用"谋杀"等煽动性语言，并学会"以爱、尊重及和平的态度发言"，不论双方的认知差异有多么大。在哀悼萨尔维枪击案的两名受难者时，甘布尔向那些"赞成我们祈祷及反对我们祈祷"的人表示感谢。双方阵营共同宣布，曾公开宣称萨尔维暴行是"正当行为"的"弗吉尼亚捍卫生命"团体的主席是不受欢迎的人物。此外，反堕胎的领袖也开通电话热线，一发现可能有暴力攻击时，先行向对方阵营发出警报。

在长达6年的对话后，双方一起召开记者会，记者想知道这场辩论到底谁"赢"了。六人小组的成员都表示，对话过程让她们对自己的堕胎观点更加坚定。

"所以，这算是失败吗？"记者问。

其中一位回答："哦，不是。"虽然多年来她们为南辕北辙的理念奋斗，却在对话过程中发现了她们之间的键结，并找出如何以尊严和敬意对待彼此。"现在，你们看，我们聚在一起，照顾彼此的孩子。我们彼此相爱。"

毕晓普和剑桥市妇女的对话形式都强调交流，揭露出每个人对生命更深刻的描述——我们如何认定自己的信仰，又如何坚信"我们是谁"。而连结，总是存在于更深的生命层次。马萨诸塞州剑桥市的妇女开会时，会刻意避开隔桌对坐的方式，因为那会让人联想起谈判或作决策，她们会围着圆圈友善地并肩而坐，她们寻求的是更高层次的、具有创意的工作方式——大家一起为青少年提供更好的性教育，给怀孕少女更多帮助，并改进领养计划。然而，对话最重要的层面，是顺从整体的吸引力，找出"共通的意义"来进行对话。通过进入彼此之间的空间，你会发现共通点就在那里，即使你们的世界观大相径庭。

我们必须敞开信任之门追求整体，在共通的人性的空间里一起回响共振。如果我们能够回到记忆深处，这并不难做到。事实上，许许多多的人在当父母的时候就体会到了这种纯粹的连结。

陌生人也可产生像亲子间的连结

很久以前，我认定自己不会是个好妈妈。我30多岁才怀孕，怀孕前我在职场投注了很多心力。因此，我对能否成为一个无私的母亲一直没有把握。

我对待怀孕就像跑新闻，我参加自然分娩的产前班、阅读大量书籍、将身体扭成各种原始姿势，甚至还抱着朋友的婴儿体会当妈妈的感觉。

我担心怀孕会影响工作,担心高龄才怀第一胎会有危险,而我的朋友们早早就当了母亲。

我大女儿的出生给了我最重要的启示,除了诞生的奇迹(自己成为另一个生命来到地球的工具,一种特别的原始体验),还有自动自发照顾女儿的天生本能。虽然要花很多时间照顾新生儿,但也没有什么是特别困难的。令我惊讶的是,从大女儿凯特琳出生的第一天起,听她的哭声我就立刻能知道发生了什么事,也知道要怎么做她才会不哭。

"喔",看见她的小嘴巴抖动着,我马上就知道,"她要换尿布了",或"她饿了",或"她要长出第一颗牙齿了"。

凯特琳紧张不安时,不管我丈夫怎么逗她:低语安慰、摇晃、轻唱,效果都不如直接把她递给我来得好——她的哭声会戛然而止。我经常觉得自己就像魔法师,念着咒语,让我的孩子永远听我的魔法指挥。当时我还不了解,从某种意义来说,其实我就是她的脑电波节拍器,早已设定好了我们之间共振的节奏。我们的脑电波协调成一致的波动,当她在我怀中时,会马上变得安静乖巧,是因为我重新建立了我们的共振,每次都在我们母女两人之间的空间中交会。

放开自己,让自己与另一个人纯粹地连结,就像母子之间的关系,这会在你们之间产生共振效应。这种深层共振可以跟任何人发生,不仅仅是自己的小孩。

我们的大脑随时准备着和他人产生共振,位于脑干(负责我们的自律神经系统)和大脑新皮质(人类心智所在,被称为"感觉的大脑")之间的边缘系统,被认为可以识别并解读各种复杂的情绪体验,甚至包括别人的情绪在内。所有哺乳动物都拥有"边缘脑",可以产生像加州大学旧金山分校精神病学专家托马斯·刘易斯、费尔·阿米尼和理查德·兰诺所谓的"边缘共振"现象,让两个生物体的内在情绪状态达到协调。"边缘共振"描述的情况已超出简单的镜像拟态,这是当两个人交流时发现彼此完全同步,在瞬间融合成一体的现象。

关于这个过程最令人印象深刻的描述,来自博物学家安妮·迪拉德,她在汀克溪溪畔碰到一只黄鼠狼:

> 黄鼠狼吓呆了,它刚从约一米外的一丛蓬乱的野玫瑰底下钻出来。我也吓呆了,转身躲在树干后面。我们俩目光胶着在一起,有人还把钥匙掉在了地上。
>
> 我们就像两个情人或死敌一样对望着,在杂草丛生的小路上不期而遇,双方都在想着别的事,就像肚子上挨了一拳一样。它同时也给了大脑漂亮的一拳,大脑突然一振,带着所有电荷和摩擦气球般的刺耳声音。肺被掏空了、森林倒了、田野被移走了、池水干涸了,世界纷纷解体并塌陷到眼前的黑洞之中。如果你和我这样彼此对视,我们的头颅会分离并掉落到肩上。

迪拉德描写的正是我们感觉到键结时的震惊,而让她更惊愕的,是她与野生动物之间发生的深层连结。她的描述扩展了键结的范围，不再局限于人与人之间。就像加州大学精神病学专家所说的，在几秒钟内"两个神经系统达到可以察觉的亲密接合"。

想要激起寻求连结的自然冲动并不困难。如前所述，在许多科学研究中，都已经证明"意识会直接对生命系统产生作用"，当其中的"发送者"受到某种（闪光或电击）刺激时，会试着传送心智图像给伙伴。当他这么做时，两人的生理系统便开始同步。

此外，研究也表明特定条件可以放大这种效果。墨西哥大学神经生理学家哈科沃·格林贝格-济尔布波姆发现，如果实验之前，让发送者和接收者冥想对方20分钟，就更可能通过闪烁的光线来诱发两人一模一样的大脑模式。建立深层连结的其他方法，还包括交换物体或照片，握着彼此的手，一起冥想，或仅仅只是被指定成为搭档。华盛顿大学的研究人员进一步证明，就算是陌生人，只要被配成一对，两人就会发展出强大的脑波共振。

要产生如此强大的连结，最重要的因素之一，可能是利他之爱的培养。在本书第四章，美国加州思维科学研究所发现，罹患癌症的被试者可以成功接收到伙伴发送出的疗愈的想法，其中最重要的组成似乎就是"同理心"的脑部指令。此外，该研究所的人员也训练发送者一种基于佛教"施与受"思想的技巧，让他发展出对他人的深度同理心，了解他人痛苦而不受困于此，并通过发送疗愈的想法来转换这种理解心。

这个称为"自他交换"的慈悲法门是循序渐进的，先小规模地同情他人，再放宽到对众生的爱。此静修开始于观想："感谢众生的善行与爱心。"然后想想那些你最亲近的人并祈祷："愿他们平安健康且免于苦痛。"然后你继续为好友、旧识祈福，最后甚至包括你的仇敌。

打破个人疆界的慈悲心

威斯康星大学心理学家理查德·戴维森，毕生致力于找出大脑中诱发特定情绪的部位。戴维森发现带有负面情绪的人，其右前额叶皮质区有持续性的活动，他想知道正面情绪是否也会在左额叶产生同样的情形。戴维森对一群佛教的高僧进行测试，其中一名僧侣左额叶的活动打破了戴维森所记录的数据。从神经科学家的角度来看，这是他见过的最幸福的人。

这些结果对戴维森而言，还有更重要的意义。情绪的神经记录似乎可塑性很高，会随着时间与特定的思想发展。戴维森继续对这批僧侣进行更多实验，以确定禅修是否真的会影响大脑的机制，使人变得更幸福且更慈悲。

戴维森和其同事召集了一批在"慈悲观想"方面经验丰富的佛教修行者，以及一群没有经验的大学生志愿者。他们让这群禅修新手在法籍佛教僧侣马蒂厄·里卡尔的教导下，连续一星期每天进行20分钟的"无缘悲心"修行。里卡尔教导他们想着他们所关心的人，比如父母、兄弟姐妹或伴侣，让他们的心对所想的人涌入无私的爱（与乐）或慈悲

(拔苦)等感情。里卡尔预期在修行一段时间后,新学员将能够对所有生物产生无分别的慈悲心。

接着,戴维森让资深修行者和新手都接受磁共振成像仪扫描,命令他们进行"慈悲观想"和进入无情绪、放松状态,与此同时,戴维森一边向被试者播放各种声音——遇难的女人、婴儿快乐的笑声或单纯的背景噪音——一边测量他们的脑波,并比较冥想状态和放松、中性状态下脑波活动的差别。

正如戴维森所预测的,播放婴儿哭声时,与慈悲观有关的大脑活动量最大,不仅经验丰富的修行人士,就连新手都显示出比之前更大的同情心。

戴维森的研究,揭开了如何感觉人际键结的秘诀。经常修习慈悲观,可以培养我们对他人更持久的感受能力,因此更能与其他人取得联系。在戴维森的实验中,僧侣们所拥有的与慈悲心相关的大脑回路比一般人更活跃,甚至连休息期间也是如此。然而,对禅修新手的研究也显示,这种能力可以相当迅速地被开发出来。佛教的慈悲观修行,和我们无条件付出的本能冲动非常相似。

戴维森的研究最迷人之处在于大脑发生作用的部位:右半脑颞叶与顶叶连接的区域。宾夕法尼亚大学神经科学家安德鲁·纽伯格发现,在冥想时顶叶的活动会减少。大脑这部分是负责处理各类感觉的中枢,掌管自我及方向感,可以帮助我们产生对身体的三维空间图像及自我定位,因而能够从非我之中找出自我。纽伯格还发现,修持慈悲观的人会丧失人我意识、没有分别心,感知到物我一体。这种无条件的乐于施予，有助于消解个人疆界，让我们能走出去，进入个体与个体之间的空间。

共同的伤口要如何疗愈？

我们内心有股拉力，让我们向整体靠拢，在深度分歧或脱轨行为发生之后帮我们重建和谐。社会疗愈计划的共同负责人、前任国际特赦组织华盛顿特区办公室主任詹姆斯·奥戴为了让敌对的各方和解，投入了许多年的时间。十年来，他和朱迪斯·汤普森博士共同主持"同情与社会疗愈"对话，参与成员大致可划分为社会和政治两种团体，包括共和党人和信仰坚定的北爱尔兰人、土耳其裔和希腊裔塞浦路斯人、以色列人和巴勒斯坦人，让他们聚在一起尝试治愈共同的伤口。

在对话中，奥戴和汤普森不判断谁是谁非，而是着重于疗愈心灵创伤，以协助各方承认对方的痛苦或屈辱感，由此来缓释彼此的伤害与内疚。

他们借鉴了神学家盖科·米勒-法伦霍尔茨在《宽恕的艺术》一书中提到的方法。米勒-法伦霍尔茨生于1940年，由于当时年纪太小，他对第三帝国没有什么记忆，但就像许多战后的德国人一样，他在成长时期也饱受国家恐怖后遗症的困扰，因而开始从受害者和加害者双方的角度来思索宽恕。

米勒-法伦霍尔茨认为，恶行是双方共同的束缚。任何这类行为（包括最轻微的越轨行为），都会在双方之间建立起扭曲的关系。加害者偷走权力，而受害者则对强加之事无能为力。米勒-法伦霍尔茨认为，对受害者而言，伤害是

"人格核心受损"。

虽然宽恕无法取代公正,但它能让我们超越"只需惩罚"的简单观念。在西方文化中,主要采用刑罚和监禁来处理越轨行为,受害者和加害者双方都不得解脱。受害者的尊严和人格(或财产)没能恢复,而加害者也从来没有真正认识并改进他的所作所为。

另一方面,宽恕的行为就如哲学家汉纳·阿伦特所写的,是一种"不断的共同释放"。受害者和加害者都学会去认识对方的痛苦或屈辱,共同释放彼此的伤害和内疚。

米勒-法伦霍尔茨提到了一群德国老人的故事,在第二次世界大战期间他们都是希特勒陆军的成员,一起出征白俄罗斯。50年后的1994年,他们决定重返白俄罗斯,试着弥补年轻时的行为。他们在切尔诺贝利核电厂灾变后抵达,要为灾区孩童重建家园。在停留的最后期限里,他们造访了位于卡廷的战争纪念公园。旧地重访的那天晚上,这群德国人想要与白俄罗斯人分享他们的体验。

一巡敬酒后,其中一名德国人明显还受到造访卡廷的影响,他起身谈到自己年轻时当兵的经历,开始描述起自己在俄罗斯战俘营的痛苦经历,接着喃喃自语地为自己辩解,然后就突然崩溃。他流着泪说要为自己对俄罗斯人的所作所为致歉,也代表他的国家向大家谢罪。屋内的每个人,就算没有经历过战争的年轻人,也都流下泪来。

几分钟后,一名年纪相仿的白俄罗斯妇女站起身来,走到房间的另一边亲吻了他。

在德国人真心忏悔的时刻，曾经受到的所有伤害都因为坦诚以对而被释放，房内的每个人也都重拾尊严。对那位年长的白俄罗斯妇女来说，她因理解了他人的痛苦（即使对方是加害者）而打开宽恕的心门。

连结他人痛苦的这一刻，超越了任何关系，米勒－法伦霍尔茨表示，提供"勇气的火花以畅所欲言，勇敢与信赖的那一刻让人心跨越了藩篱"。这种突然的融合，拆掉了我们之间的"围墙"。

深刻的真相以及对事实的坦率披露，击碎了连串的否定。最重要的是，通过使关系恢复平衡，我们重建了键结，结果更胜于一句简单的"对不起"或弥补行为。德国士兵和俄罗斯妇女的故事显示，宽恕是对扭曲关系的复原。通过宽恕，双方再次平等。

对加害者而言，毫无保留地据实以告是解除武装的行为，米勒－法伦霍尔茨表示，它使自己最终能够面对真相，坦承难以启齿的错误，为赎罪做好准备。他人真情流露的表白，似乎也能引发听者的责任感，在情绪宣泄的同时也能往前迈进。

詹姆斯·奥戴认为深度对话是最强大的药方，使加害者及受害者都得到了解脱，让每个人都能认知到那段历史的深层真相，以及彼此之间的键结。他发现深层真相的力量，在社会疗愈对话中可以消弭最大的裂痕，参与对话的包括玛丽·罗斯柴尔德及戈特弗里德·莱希，玛丽是大屠杀幸存者的女儿，而戈特弗里德是第三帝国希特勒青年团的成员。戈特弗里德很害怕往事被曝光,特别是在犹太人及大屠杀幸存者女儿的面前。他说,他一辈子从没有这么害怕过。

对话一开始,玛丽看着戈特弗里德说:"我的家族有许多人都在大屠杀中遇害,你在其中扮演了什么角色?"

戈特弗里德承认他在1938年的碎玻璃之夜(译者注:Night of Broken Glass,1938年10月9日到10日的深夜,各地德国人有组织地突击犹太教堂与商店,掀起了政府公开支持的反犹太暴力活动,街道随处可见被砸毁的玻璃橱窗,当日就有许多犹太人被重槌打死)打人和放火,当时纳粹冲锋队蓄意捣毁数以千计的犹太家庭、店铺和会堂。他说:"但我当时才16岁。"

玛丽并不满意:"那么,如果你再大10岁,就会把我的亲人带进毒气室吗?"

戈特弗里德低头看着地板,花了很长的时间才开口回答说:"我不知道。"

玛丽因为他的这个答案,彻底改变了敌对的态度。她没想到他会如此诚实,然后他们进入了一个关于真相的全新领域——是的,我可能会是大屠杀的凶手。

戈特弗里德因为对自我的嫌恶而崩溃,不由自主地哭了起来。"如今我身为祖父,而我的孙子是纳粹的孙子,我陷在深渊中,这是一个历史的牢笼。"

戈特弗里德的坦诚释放了某些东西,深刻地影响了玛丽,她不知道自己一直在寻求的就是情绪补偿。她起身走向戈特弗里德,握住他的手。"我即使走过了死荫的幽谷,"她低声说,"也不怕罪恶,因为你与我同在。"

这一刻,詹姆斯·奥戴和汤普森博士都感受到了两人之间的空间里充满了神圣的气氛。对戈特弗里德来说,这种经验是一种启示:他交出恐惧,认真面对过去,而奇迹出现了。他说,玛丽铺设了一道"跨越深渊的桥梁",请他上来与她会合。通过共同的经历,双方都感觉到了明显的键结。

汤普森说宽恕在希腊语的意思是"解开绳结",因此加害者和受害者都从过去伤害、屈辱的后遗症中解脱出来,继续彼此的生活。这就是勇敢坦承及真心忏悔的力量,双方因为对话而永远改变了。

从这个角度来看,是分歧的意见或恶行中断了连结,而宽恕和补偿则重建了连结。正如米勒-法伦霍尔茨所说,越轨的错误行为是犯了"违抗整体的罪",而深刻理解的真相则结束了"自己与世界的战争"。

社群效应,连结的力量

我有个念力实验尚在进行中:选择非正式的讲习班及念力社群,在控制良好的科学实验中检验集体思想的力量。至今,我们在 23 项研究中得出了具有说服力的结果,证明思想的力量可以加快植物生长、净化水质及减少暴力。

最有趣的现象是,有些研究对被试者产生了影响。我们的大规模在线实验,产生了许多狂喜经验的报告,出现最多的是合而为一的感觉。参与实验的人分布在世界各地,他们通过计算机联入我们的网站,体验与千里之外的其他人连结的感觉。我对这种连结的长期效应是否能像禅修一样,一直抱持怀疑态度。

2008年9月,我展开了一项实验,通过60个国家的15000名被试者来检验"团体心智"是否有降低暴力及恢复和平的力量。研究计划让世界各地的读者在我们的网站上联手,传送和平意图到饱受战火蹂躏的地区——这次的目标是斯里兰卡。

在调查中,我们发现完成实验的被试者中约有46%的人表示,他们留意到在实验后与他人的关系有了长期的转变。大体上来说,团体经验显然有助于他们感受到更多爱,不论是否认识接收者。25%以上的被试者,则从他们喜爱的对象、讨厌的人或经常发生争执的人身上感受到更多爱,41%的被试者对所有接触到的人都感觉到更多爱,19%的被试者发现他们与陌生人更能和睦相处。

当被问及与谁的关系改善最多时,38%的被试者表示,他们发现与陌生人之间的关系改善最多。通过我们的网站活动,与数以千计的陌生人连结的经验,赋予了许多人更好的接受陌生人的能力。

我将这种现象称为"八的力量",而这种键结会在数分钟之内发生。在周末讲习班上,我们将听众每八人分成一个小组,并请这些完全陌生的人传达爱的想法给彼此。我们见证到发送者和接收者双方都经历了强大的情绪或身体治疗。以马莎为例,她有一个角膜混浊,严重影响了视力。第二天,在小组的念力治疗后,她表示该眼的视力似乎有所恢复。她的小组中有人长期受偏头痛或背部问题的困扰,他们也表示这些症状有所改善。

任何可能的治疗效果,可能都与强大的社群效应有关。在这些讲习会期间,陌生人开始共振成一体,例如,在荷兰的讲习会上,许多小组说在团体念力期间,同一组的成员有完全相同的幻觉。其中有个小组,用集体念力传输治疗意图给某个背痛的女性成员,她和小组其他成员的脑海里全都出现了一个画面:她的脊椎脱离身体并被注入亮光。

讲习会和念力实验所出现的合而为一的强烈感觉,就是纯粹连结的共振效应。同一组的陌生人所具有的单纯归属感及自发性付出的行为非常强大,能满足我们最深切的渴望,医治者及接收者都能同时受到治疗。

付出是加法,而不是减法

最近,美国加州大学有一项针对巴西马托·格罗斯苏雅印第安人的研究,试着研究他们如何使用数字。这群亚马逊印第安人以音乐闻名,加州大学洛杉矶分校的民族音乐学教授安东尼·西格表示,他们借助歌声建立社群、建立关系及社会认同,也用以表达时间和空间的概念。对苏雅人来说,歌唱是自然科学也是人文科学。

这群科学家研究不同文化的数字系统差异,他们得出的结论是,许多原住民文化并没有用于描述事物数量的语言。例如,南美洲的毗拉哈人用同一个字 hoi 来表示"约 1"和"约 2",仅有的差异是音调转折的细微变动;而亚马逊地区的蒙杜鲁库人的数字只到5。这让许多科学家开始研究人类到底是天生就具有数字概念,还是对数字的理解也是文化条件的一环。

美国研究人员对苏雅印第安人提出一个数字问题:如果你有10条鱼并送出3条,还剩下几条?在村子里随便找个人来问,他们都会告诉你:13条。

在苏雅人的传统中,如果你送东西给某人,接受的人要加倍回送给他。比如说,如果有人送了3条鱼给兄弟,兄弟必须回送给他3条鱼的2倍,也就是6条鱼。西方数学的算式是10-3=7,而苏雅人的算式是:10+(2×3)-3=13。

苏雅人对美国人的算式感到十分惊讶。"为什么白种人总要把'给予'看成是'减法'?"被提问的苏雅人问道:"我知道你让我用减号而不是用加号,但是我不知道原因。"

整个故事让《看看欧几里得》的作者亚历克斯·贝洛斯大吃一惊,他在书中研究数学的文化差异。他的研究建立在数字是种通用语言这一信念上,也就是说,数学是一种我们能和外星人沟通的方式,结果却发现我们对算术关系的基本认识取决于文化背景。

这个故事给了我们非常深刻的启发,不仅关于数学,也关于不同的文化如何看待一般的关系,特别是我们如何看待自己和其他事物的关系。我们的数学意识,极度依赖于我们定义世界的方式,以及我们到底如何看待自己和周围万物的关系:是彼此分离的个别实体,还是天生就交织在一起,无法分割?

西方以外的许多社会，包括没有文字的文化（如澳洲原住民）、古希腊人和埃及人、东方宗教（如佛教和道教）的信众，以及一些现存的原住民文化，他们所想象的宇宙是不可分割的，由一些宇宙能量或生命力连结起来。这样的中心信仰孕育出截然不同的看待世界的方式，以及自己与世界互动的方式。我们看见的是个别事物，他们看见的是整体——事物之间的关系。对原住民而言，付出本来就是有益的行为，是加法，而不是减法。在"关系"的方程式中，最重要的是加号，重点是建立连结。

本章摘要

结论

1. 正确的对话是化解对立、建立同理心及连结的最好方式。

2. 博姆对话艺术的五大原则：（一）对话目的不是要得出结论或辩论；（二）所有人轮流发言，不能独占会谈时间；（三）对话者要随时警觉自己的反应，无论听到的观点多么有争议，绝对不用自己的观点评论他人；（四）每个人都要开诚布公；（五）每个成员努力在其他对话者的思想基础上思考，理解差异，以产生更大的共识、连结和可能性。

3. 在西方世界中，想在关系中独立并寻求独一无二的冲动，通常会转化成对权力的追求。

4. "物以类聚"的交友倾向只是强化了个体特征，反而会造成与他人的疏离。

5. 祖鲁人给我们的启示：一个人唯有被看见，他才能算真正存在。这是对关系最好的诠释。

6. 要建立强大的连结，最重要的因素之一是利他之爱的培养。

7. 慈悲心能够打破个人疆界，走出自己，进入人与我之间的空间。

8. 深度对话是最强大的药方,使加害者及受害者都得到了解脱,让每个人都能从历史的创伤中愈合,重建平衡的关系。

9. 付出是加法,而不是减法:你付出的越多,得到的就越多。

第十一章 里仁为美,别把自己关在围墙内

当人类以同步的方式协同合作时,脑波必须有样学样。因此不论彼此的差异有多大,只要能拥有共同的目标就能和睦相处。我们要像蜜蜂一样,建立一个充满活力又开放的超个体社区,在这里每个人都有共同的目标。

美国内华达州克拉克郡第二大城市亨德森,在肯尼迪总统在任时背负着沉重的期望,肯尼迪在评论中称,这个离拉斯维加斯仅一步之遥、刚刚在赌场资本的扶持下发展起来的人烟稀少的城市是"命运之城"。在此后的半个世纪里,仿佛遵循着前总统的指示,亨德森发展到了明尼苏达州圣保罗市的规模,成为一座中等规模的美国城市,正如它的官网"亨德森之旅"上所称,它是"沙漠中的钻石"。"宾至如归"是该城的口号,这也呼应了首页上市长的欢迎词。

禁止通行,一个门禁严格的小区

但事实却是,没人会特别欢迎你,除非你生活在城市里。不过,如果你是亨德森的居民,情况也好不到哪里去,你和所有近邻之间可能有高墙阻挡着。亨德森是"绿谷"的所在地,在美国为数众多的"整体规划"的门禁小区中,它是第一个,供6万人居住,规模相当于一个中型城镇,当初

的建筑理念是——个人至上。后院尾端有一堵精心设计并建造的围墙,盖在住宅之间,界定出一个个"小区里的小小区",更重要的是,在社区与外界之间也立起了高墙。社区严格禁止居民以任何方式改造围墙,就算是建在他们的自有财产上也不行。除了门禁之外,还有自己的安全警卫,不经安全检查就不准进入。商店、公园、人行道、游乐场、开放空间,甚至学校全都位于高墙围绕起来的中央区,为专属的社区提供服务。

绿谷是全球发展最快的社区之一。到目前为止,有800万美国人居住在门禁小区,新的城市建设计划有八成采用门禁管理,特别是在美国西部和南部,以及大型城市往外延伸的郊区。这个国家仅加州就有500万的门禁小区居民,约四成的新住宅盖在大门里头或装有某种安全设备。但这种趋势并非美国特有,门禁小区目前在南非也颇受欢迎,那里的房地产开发商首先用墙隔出一块地,然后再填入道路和房屋;在中东地区,围墙里甚至还有武装车辆巡逻以保护西方人的石油利益;在英国伦敦的新金融中心码头区,许多城市建设项目也采用了这一方式。就算在发展中国家,如墨西哥、中南美洲和中国,围墙城镇和门禁小区也是来势汹汹。阿根廷的诺德尔塔,是该国最大的封闭型私人社区,甚至为居民提供专属的医院。

虽然犯罪和安全是居民选择在门禁小区生活的主要原因,但针对门禁小区影响力的研究显示,这对预防犯罪来说具有边际效应。佛罗里达州劳德代尔堡警方进行了两个研究,其中之一比较了封闭型社区建成前后，对各类型犯罪率的影响，结果发现在人身或财产等各级犯罪上并无显著差异。偷车、入室盗窃等犯罪率最初会大幅下降，但当犯罪分子熟悉了环境后，上述案件的案发率很快就回到了先前的水平。第二项研究调查了几个邻近社区的犯罪率和劳德代尔堡的总犯罪率，结果发现社区大门的存在与否，并未让特定类型的犯罪率出现实质性改变。虽然社区内侵害人身的犯罪案件较少，但入室盗窃或偷车的发生率仅在第一年有所下降，之后就上升到和社区外相同的水平。

绿谷小区围墙内最近发生的事情，包括连环性侵案、灭门血案、抢劫、贩毒、吸毒、邻近工厂的氯气污染等，和没有门禁的普通小区发生的问题别无二致。其实，门禁小区的安保设施，并没有简单的守望相助来得管用。根据佛罗里达国际大学的一项研究，守望相助的组织能让抢劫和入室盗窃案发生率分别降低24%和33%。

门禁小区的居民将犯罪当成设立围墙的理由，但在更高级的无门禁地区——多数门禁小区所在的地方，犯罪率早就微不足道了。门禁小区真正的重点，在于让居民与外人隔绝，美国学者爱德华·J.布莱克利和玛丽·盖尔·斯奈德在《美国堡垒：美国的门禁小区》一书中写道："人来人往就会带来陌生人，陌生人不善，不善则意味着犯罪。"

门禁小区的另一个重点，是希望提升社会和经济地位，正如布莱克利和斯奈德所说："他们是为了满足区隔异己和不同于他人的渴望。"一名建筑商告诉布莱克利，买家想要买能够"彰显他们的身份和生活方式"的房子。新建的小区，比如绿谷的"飞地"（译者注：飞地指隶属于某一行政区管辖却不与该区毗连的土地），精心打造的入口就强调专有权与地位。

许多人表示，在深锁的门后仍然是一个传统社区，他们的孩子可以在街道上尽情玩耍，公园和学校也安全无虞，邻居隔着花园篱笆互相招手问候……然而，住户之间围起的高墙又该怎么解释？门禁小区很像是从国家领土上分割出去的一个州，为自己的州民提供服务和安全，他们对墙外世界漠不关心，鼓励州民抛弃身为公民的责任。这也反映了我们社会内部不断朝向原子化演进的趋势，目前的趋势是已经制造了越来越小的群体，彼此之间的同质性也越来越高。

本质上，这意味着门禁小区已将我们原本的"邻里"概念，转变成"专属的乡村俱乐部"。现在的社区建设，是为了尽可能地强调个体的"我"。

大体上，社区的概念跟人际关系差不多，都必须以相同的东西——一大群的"我"——建构才能运作。政治学家帕特南将社会资本分为两种："聚合型社会资本"（与相似的人互动）和"外联型社会资本"（与不同于我们的人互动）。他在研究现代美国种族差异对信赖和公民参与的影响时，发现周围的人越跟我们不一样，我们与他人（不管像不像我们）互动的可能性就越低，就越可能只会和家人"蹲守"在电视机周围。重点是，如果恰好不是生活在同质性高的社区，我们可能压根就不想加入社区了。

没有证据显示，高度的同质性——通过门禁小区的形式——能够创造更好的社区或更多的"社会资本"，这里指的"社会资本"是社会学意义上的小区精神和凝聚力。正如帕特南指出的，当今美国的社会资本已跌至史上最低点。事实上，大门阻碍了社会资本的成长，因为它造成了"内部团体"和"外围团体"的区隔。

要建立一个充满活力且开放的社区，最有力的方式是超越"物以类聚"的趋势（比如结交与自己相似的人、加入性质相似的团体等），以及找到一个所有人都能为共同人性和共同目标携手合作的空间。而想要达成这种键结，最快速的方法之一就是形成社区化的超个体。

战乱频起，不同群体要如何和解？

1954 年，22 名来自俄克拉何马市的新教家庭的 11 岁男孩，乘两辆公交车前往位于"强盗洞"州立公园附近、占地约 81 万平方米的童子军夏令营。他们都有相似的中等阶级背景，彼此不相识，并都通过了心理稳定筛选。

这项研究的设计者是土耳其裔哈佛大学研究生穆扎费尔·谢里夫，他是社会心理学的奠基者之一。在这次实验中，他以营地"看守人"的身份来进行观察。这群男孩事先并不知道他们是实验对象，此次实验也成了有史以来最有趣的集体行为心理研究案例之一。

男孩被随机分成了两组，刚开始那几天，营区辅导员（一组心理学家，包括谢里夫的妻子）鼓励男孩一起活动，巩固小组成员之间的键结。他们让两组男孩自己选队名（一组选的是"响尾蛇"，一组选的是"老鹰"），制作自己的团队旗帜、选择扎营的位置、编写队歌，以及自行制订队规及行为模式。他们规定两组成员有独立的生活区域，相隔甚远，在初期绝不允许和另一组的成员碰面。

在第二个研究阶段中，谢里夫和其同事暗中策划了一个具有高度竞争性且令人受挫的情境，刻意引起两组队员之间的冲突。他们在运动竞赛和其他竞赛游戏中，设置了奖杯、奖牌和11支四刃瑞士刀作为获胜团队的奖赏。经过一天的练习，最后两组成员都敌视地瞪着对方。

在四天的竞赛中，工作人员操控记分表，让两组的分数并驾齐驱，使竞赛始终处于紧绷状态。慢慢地，男孩的运动精神消失了，取而代之的是互相攻讦谩骂，甚至当两组的成员出现在同一间饭厅时，每个男孩都拒绝吃饭。

过了不久，研究人员再也不用刻意煽起敌意。有一天响尾蛇队扮成突击队员，突袭了老鹰队的小屋，他们翻倒床铺、撕破蚊帐。老鹰队则连本带利地进行报复，他们手持棍棒，将响尾蛇队的所有物品丢成一堆。两队人马都毁掉了对方的队旗。在老鹰队赢得竞赛的那天，响尾蛇队偷走了瑞士刀等奖品。日益增长的敌意，引起了一场激烈的斗殴，让辅导员必须出面喊停。

在与日俱增的偏见中，谢里夫进行了下一轮实验，他设计了一些活动，让两组男孩一起参与。但是，营地里既没有自我介绍、气氛轻松的晚间活动，也没有电影之夜或独立纪念日这样的活动来缓解紧张气氛。

接下来，谢里夫在营区制造了一连串危机，若没有两组的资源和所有男孩的参与就无法解决。比如，研究人员蓄意破坏供水系统，让两组人合力扫除障碍，两组人必须一起拉绑在断树上的绳索，让被困住的卡车能运送食物给双方，此外还有让两组人凑钱一起去看电影。

水送来了之后，响尾蛇队让老鹰队的男孩先喝水，因为老鹰队的人没有带水壶。而在两组人凑钱看完电影后，男孩们开始在饭厅里一起用餐，两组队员随意地混坐在一起。在营地的最后一天，男孩一致同意乘一辆巴士一起回家，响尾蛇队和老鹰队的男孩肩并肩坐在一起。在途中的停靠站，响尾蛇队的队长还用他在丢豆子竞赛中赢来的五美元，买麦芽糖牛奶送给全部22位男孩。

英国作家威廉·戈尔丁在他的代表作品《蝇王》中这么描写"人心天生的黑暗面"：去除文明的虚伪外表，就连小孩也会变得野蛮。谢里夫的研究却证明，刚好相反，如果让孩子处于相互对立的群体，并强迫他们去竞争稀少的资源时，他们的确能够变得残酷且倾向于欺凌他人。但是，当强盗洞营地的小孩有了大于自身和群体的共同目标及意图时，就会迅速放下争执，携手合作成为超个体。

重复进行了好几次的谢里夫研究被认为是接触假设（译者注：接触假设认为两个团体接触时，若地位平等便能降低冲突）的经典实验，该理论由人格心理学家戈登·奥尔波特提出。奥尔波特是杰出的心理学家、人格心理学的创始人，他认为不同群体成员之间的接触是消除偏见的最佳方法。他的理论影响了最高法院对"布朗控诉托皮卡教育局案"(译者注：此案是发生于 1954 年针对美国公立学校违犯宪法的种族歧视案件，其实是发生在各地的多起诉讼共同组成的一个广泛称呼)的判决，这一判决终结了学校内的种族隔离。然而，奥尔波特的理论也导致了几起失败的对抗美国种族主义的案例，例如，20 世纪 60 年代，美国黑人学童被送进白人学校，强迫"黑白同校"。

帕特南的证据，似乎反驳了奥尔波特的结论——群体间的接触能催生团结和信任。因为帕特南发现，如果美国人身边的种族越多，偏见就越大，不信任感就越高。然而，奥尔波特也详列了四种特定情况，以确保不同群体之间的接触能够奏效：群体地位平等；群体之间的合作；权威人物的支持；最后也是最重要的一点，共同的目标。

心理学家称此为"超然目标"，只有通过团队合作才能达到的目标。具有分享及团队合作的精神往往可以超越差异性，因为它强调的是人性核心：我们同在一起。如果我们同在一起，就不会再为了稀少的资源而竞争。

"所有人本质上是相似的"，这一基本命题在某些地区受到质疑，但"接触假设"在各种语境下接受试验后，却发现这有助于消除对某些群体的歧视，无论是对北爱尔兰的新教徒、天主教徒，还是大学里的同性恋者，都是如此。有新成员加入的运动团队、管理团队、学校，甚至监狱，纷纷利用"超然目标"来缓解对峙并激励团队精神。2006 年，一篇总结回顾了 525 个"接触假设"实验的文章,承认不同群体之间的接触能消除彼此的偏见并增进合作,特别是在符合奥尔波特提出的四个条件的情况下。

运动精神具有改变世界的力量

唐·贝克是谢里夫指导的研究生,他借用强盗洞实验的经验建立"超然目标"来作为结束政治冲突的方法。1995 年南非橄榄球队打进世界杯决赛,是贝克第一个想到借助这个事件激励全民,增强这个从种族隔离历史中走出的国家的凝聚力,就像电影《成事在人》所讲述的那样。

贝克对超级联赛的心理学问题特别感兴趣,基于在美式足球"达拉斯牛仔队"及"新奥尔良圣徒队"的工作经历,他发展出一个信念:运动具有解决纷争的力量。对南非橄榄球队跳羚队来说,这是相当大胆的想法。橄榄球一向被认为是白人的运动,跳羚队几乎所有球员都是荷裔白人,教练甚至也用南非荷兰语布置战术。讲英语的球员和黑人球员很少能入选球队,因此导致了南非黑人族群对橄榄球运动的强烈抵制。

1995 年,贝克向跳羚队教练基奇·克里斯蒂提交了一篇论文,题目是"通往荣耀的六场比赛",详述一系列心理策略如何帮助球队在通往世界杯的比赛中从弱队变身为世界级的竞争者。除了竞赛策略,贝克的文章还论述了跳羚队成为这个新兴国家荣耀的焦点,将黑人社区的黑人和荷裔白人连结起来的方法。

贝克提供的许多策略，都可用于在其他地区建立"超然目标"。他建议跳羚队建立一种协作的或共同的身份认同：穿着绿色与金色相间的球衣、唱着祖鲁鼓声伴奏的队歌，团结球队并激励观众。他建议克里斯蒂让队员一起看《火爆教头草地兵》和《烈火战车》等影片，以建立"神秘的兄弟感情"，感觉球队就像个大家庭，有比个人忠诚更大的键结及奋战的理由。贝克安排球队参观以前关押总统曼德拉的罗本岛的小牢房，强调他们肩负国家命运的重任。总之，他的训练主要是培养一种感觉：在关键时刻，每位队员都要齐心协力，成为一体。

随着比赛的进行，贝克的"超然目标"开始感染南非全国。来自黑人社区的年轻黑人撕掉反橄榄球的标语，挂上跳羚队球员的照片。在世界杯期间，跳羚队持续赢球，曼德拉穿上跳羚队的绿金色球衣亮相，成为团结及宽恕的象征。

对贝克来说，建立"超然目标"是在政治冲突地区实现和平的最好方式之一。他的工作经常要会见纷争地区的敌对双方，并向他们展现积极可行的未来愿景，但这需要双方共同努力，并利用共有资源来为当地所有人寻找解决方案。

最近，贝克向阿拉伯和以色列提出一项计划，建议将被占领的巴勒斯坦当成"中东的香港"，一个双边都能共享教育和医疗保健等资源的富裕社会。他现在正与双边协商，拟定实现这个愿景（在 30 年内）的时间表和细节。

对智利矿工来说，建立共同的身份认同并为"超然目标"协作，更是性命攸关的事。2010 年 8 月科皮亚波矿场坍塌后，他们受困在阿塔卡玛沙漠下70天。工头路易斯·乌尔苏亚用尽各种方式建立集体认同：严格的资源共享，一人一票民主决策的过程，团体统一名称为"三十三"，这些措施都有助于建立"我为人人"的意识，齐心协力克服重重困难。与此同时，乌尔苏亚不断强调一个事实：活下来，不只是为了个人或集体。他挂起智利国旗，并经常带领矿工唱国歌。他让大家意识到自己在历史上的价值：他们的生存，攸关国家利益。

合作时的大脑同步作用

从科学观点来看，离开我们小小的个人空间聚合成群体以完成"超然目标"，真正的动力源自于集体的共振效应。正如"脑波夹带"会在两个人之间产生，它同样也会在协作的群体之间建立起来。群体中每个人的电子活动开始按共同波长共振，仿佛一个声调完美和谐的合唱团。就像一群电子会逐渐像一个大型电子一样振动，群体也会产生放大个人效应的共振。

柏林马克斯·普朗克人类发展研究院及萨尔茨堡大学的心理学家，希望通过科学仪器检验一件事：当我们致力于同一个目标时，大脑是否会与其他人"唱双簧"。虽然有不少研究都曾使用功能磁共振成像，但从未有人检查这种协作情形下的脑波活动。在最近的研究中，德国科学家观察两个互动中的人各自的脑波节律，证明有一种脑波与独立行为有关，而在行为协同一致时，双方则共享另一种脑波。

德国和奥地利的科学家决定深入研究,他们找来吉他手两两配对,一起弹奏短曲,看看在所谓"协调摆动"时,两人大脑皮质的活动会同步到什么程度。科学家在两名乐手的头上戴上一个脑电图帽盖来记录脑波活动。

科学家采用特殊算法分析两人独自演奏及搭档时的脑波活动,他们发现每一对乐手的脑波都高度同步且同相,也就是说,他们用节拍器设定速度练习以及稍后一起合奏时,脑波都会在特定时刻到达波峰或波谷。

事实上,大脑整个区域都有同步模式,又以额叶和中央区最强,但至少有一半的吉他手组合出现了颞叶和顶叶区的高度同步现象。由于顶叶区处理的是自我的空间感,乐手的同步意味着两人身体运动方向是一致的。换句话说,乐手一起合力创作时,会超越自我。

这样的研究含义深远,因为人生在世,我们有太多时间需要与他人协作来实现目标了。研究人员的结论是:每当人类以同步方式协同合作时,他们的脑波必须有样学样。脑波同步甚至还有助于维持人际关系,这在早期社会发展中就已发挥了重要作用。爵士乐团演奏时就像一个超个体,一起发出共同的声音,同样,我们合作时也可通过脑波波长的同步化来产生一个共同的结果,而这似乎是所有群体关系能够成功的基础。

结论是,不论彼此的差异有多大,我们都能和睦相处,只要能拥有共同的目标("超然目标")或一起进行的活动。

成为超个体的一员,还能提升体力。最具说服力的研究之一是英国大学的伟大传统：划艇比赛，尤其当牛津大学对上宿敌剑桥大学时竞争更是异常激烈。牛津大学认知与进化人类学研究所的人类学家，请牛津大学的一组划艇选手用体育馆的"虚拟船"做常规训练。每次试验需要连续划上45分钟，一开始是全队练习，然后是个人。

每一次练习之后，科学家在选手手臂上绑上充足气的血压腕带，通过他们忍受的时间来测量选手的耐痛阈限。我们已知运动能提高人体忍受疼痛的能力，划艇选手也证明了这一点，特别之处在于：团队训练后的疼痛耐受度显然大于单独练习。

科学家因此推断，虽然所有体育活动都会导致释放一种能提振心情的化学物质——内啡肽，但一起从事体育活动似乎会让内啡肽的分泌直线上升，而这可能与共同键结有关。此研究的主要作者埃玛·科恩指出，出现这种现象的原因可能是"同步协调的体育活动"，划艇选手们共同建立了一个能放大个体能力、超越个体极限的"场域"。在场域里，整体大于各个组成部分之和。

团结真的力量大

当我们以群体方式做事时会情绪高涨，觉得自己真的可以迎战困境，包括疼痛。这证明了一句古老的格言——团结力量大，也说明我们为了共同目标工作的感觉就像变魔术。我们走出自己的个体，进入键结的空间。

科学家现在已经了解到，当神经元一直被不断重复刺激时，会变得更有效率，并作为一个整体单元来运作：一起发射的神经元会聚在一起,而可能一起发射的人也连结在一起。当我们与他人为了共同目标而协作时,脑波的波长会迅速保持一致。这一切都表明,为"超然目标"结合的小群体,其凝聚力远远超过为金钱、工作或财富而形成的团体。我们最快乐的时候,可能是与邻居一起为某个目标合作劳动时,比如一起盖谷仓。

盖谷仓这类行为有很多种不同说法。北美原住民切罗基人称之为 gadugi,芬兰人称之为 talkoot,有些美国人则叫它蜜蜂。共同投入同一件事情,不论是做棉被、剥玉米还是盖谷仓,都是因为仅靠自己完成,不是太过困难,就是乏味无趣。在挪威,人们加入互助会,在公共绿地上种植花木或协助建造房舍,有些组织还会安排年度聚会。其他地方的社群也会一起合作,建造对整个社区有用的东西,就像美国俄克拉何马州的泰霍尔特小镇。

俄克拉何马州是美洲原住民切罗基人居住的 14 个州之一,而泰霍尔特则是一个被遗忘的美国小镇。小镇坐落在该州东南部的偏远角落,镇名意思是"为了生存而抓紧的地方",是为了纪念先人抓住马尾巴、横渡湍急溪流到此开拓的艰辛。42000 人口中有 1/3 由美洲原住民家庭组成,年均收入为 27000 美元,房屋价值约 60000 美元。镇上现存的产业大都以最低工资雇请工人。方圆 12 平方英里(约 31 平方公里)内,每 1 英里(约 1609 米)就有一座墓地,在泰霍尔特镇,最重要的活动就是让居民安息。

从 1999 年起,泰霍尔特的居民每年都试图获取淡水,但都徒劳无功。社区的水源一直都有问题：水井干涸、水龙头的水压不足、水受到污染，或是水的气味不对。美国环境保护署对大肠杆菌含量有严格的把关条件，以之当作水中有害微生物总量的指标，适合饮用的水每毫升含菌量都有上限。泰霍尔特镇上有高达58%的家庭用水，大肠杆菌检验不合格。然而，国家印第安人健康护理机构在年度申请补助时，又因为管道铺设工程资金过高而过不了关，也就是说联邦政府支付的钱不够。

此外，泰霍尔特镇居民希望有一个大型社区中心作为议事场地，但同样因为成本过高，联邦政府不愿意出资。

2004年，切罗基人自行创立了"切罗基族社区工作计划"，提供小额资金协助像泰霍尔特这种得不到联邦经费补助的美洲原住民社区，同时还成立切罗基族社区组织训练及技术援助体系（COTTA），教导社区如何团结起来，使能争取到的小钱得到最大化利用。

泰霍尔特镇人申请联邦经费失败后，去见了COTTA的部门主任比利·希克斯，希克斯说服大家要更主动地参与输水管道的建造。由于申请帮助需要具备几个重要条件，其中的一个重要衡量标准，就是泰霍尔特居民希望为这个计划投入多少心力。

泰霍尔特镇居民开始定期举行会议，出席人数多达200人，其中包括一个30人的核心小组。他们一致同意，确定了两个工作目标：一是建立城镇活动中心，二是铺设淡水管道。他们同意由镇民提供大部分劳动力，挖掘及掩埋16.09

公里的管道，作业时间预估要 4~6 个月，同时由州立自来水公司监督并提供技术协助。

铺设管道原本预估经费是 579000 美元，但因为居民自行挖掘并自备工具，大量节省了劳动力成本，使得所需经费降至一半。希克斯希望总经费能再降一些，以便拿到联邦的补助经费。

由于镇民愿意为建造社区中心奉献汗水，因此 COTTA 提供了 72000 美元的基本材料费。泰霍尔特镇民再次申请少得可怜的联邦经费，期盼能通过严苛的审核。

镇民开始物色会议中心的地点，但再次面临经费问题——他们没有资金买土地。然后，在一次例行的夜间会议上，80 岁的桑德斯老太太挺身而出，表示愿意捐出近 20 万平方米的自有土地，但附带条件是活动中心要提供儿童识字计划及老人营养方案。

2006 年，活动中心和供水管道都开始施工。现在，泰霍尔特镇有干净的饮用水，还有一座附带图书馆的社区中心，可以免费使用计算机，也能让大家在此聚会。更大的回报，是镇民为共同目标协作所带来的效应。在建筑工作开始之前，镇民常感觉孤单，但是在施工期间，有大批带着锤子、丁字尺和水平仪的男人现身工地，而桑德斯老太太则带着一群妇女在她家里准备午餐。泰霍尔特的社区组织主席杰里米·马歇尔说："建造社区中心的过程，把我们的镇民团结在了一起。"

活动中心正式开放后，成了整个小镇的精神支柱。下一步计划是为儿童建设游乐场，提供切罗基语课程和课外活动，以及组织老人和小孩的其他活动。桑德斯老太太说："这可以为社区的孩子带来光明的前途。"社区参与在泰霍尔特镇有很强的感染力,镇民开始义务去农村消防队帮忙并募资筹款。

许多镇民相信,这个事件的自助特质是成功的关键。"它激励人们并让他们意识到要做点事情,而不只是伸手等待施舍。"泰霍尔特镇的募款委员会会长莱内特·斯图迪说,"有越来越多人自愿加入,而这是成功的唯一方法。"

强盗洞夏令营及泰霍尔特镇的经验,给我们的不仅是消除偏见、建设社区中心的方案,它还为我们提供了创建新社区的方法,要像在我的社区中那样拆掉人与人之间的围墙。

你能做的,不只是单纯的抗拒而已

我住在伦敦郊区,邻居们除了一次敷衍了事的聚会之外,前后只碰过两次面。这两次的情况都是迫不得已。在毫无预警的情况下,英国移动运营商橘子通讯宣布要在我们社区安装八座基站,其中一座在我们街区,正对着我家小女儿卧室的窗户。一时间人心惶惶,左邻右舍都很担心基站会对健康不利,特别是对儿童,此外也有对房价下跌、影响景观等因素的担忧。

不出几天,我们就召开了一个特别的"社会改革"会议,地点就在我家。我们集思广益,想出了一个全面的计划,决定组成"主妇"联盟迎战橘子通讯。由于时间紧张,我们没有推选领导,但大家都本能地知道如何调配资源和力量,并自动分工。

其中有个经商的邻居自告奋勇地去研究法律条文,寻找可以用来拒绝基站建设的条款。一般反对基站建设的理由是对健康的不利影响，但缺乏相关的可靠研究，因此我们最大的挑战是要阐明我们反对的理由。我们必须从其他方面证明自己师出有名，比如景观议题，或对坐轮椅及推婴儿车的母亲存在的安全隐患等。几个邻居四处查访，最后终于在街区内找到人口稀少、适合建基站的地点，从而提供了合理的替代方案。

有邻居前往街区的天主教会学校及当地教会，寻求校长和牧师的支持。住在我隔壁的邻居，则自己动手绘制了一比一大小的基站草图，涂上鲜艳的橘色，摆放在原计划用地上，让大家实际感受到基站究竟有多碍眼，设在人行道上是多么大而无当。我和丈夫经营一家小出版社，就自告奋勇地制作海报、数据列表、请愿书和信件样本，寄给地方议会及国家议会。

我们细分责任，轮流散发传单。有些家庭主妇站在校门口或到公寓大楼挨家挨户敲门，传达我们抗议的心声，有些人则联系议会的地方代表。与橘子通讯有远亲关系的一户人家，安排我们、议会代表和橘子通讯经理开会，听取我们的反对意见并讨论合理的替代方案。我们在会中明确地表示，如果不认真考虑我们的意见，我们会说到做到。

几个星期后，橘子通讯就撤回了建设基站的申请。

几年后，橘子通讯卷土重来。具有讽刺意味的是，这次他们选择在夏天申办，那时多数人都度假去了。当我丈夫留意到一张从树上掉下来的小海报后，才意识到这件事。没几天，我们就通过电子邮件重新联系了当地居民，更新并重印了请愿书和说明材料，这次还召集了几个青少年在街区分发材料。一个月内，数以百计的抗议信件寄到了地方议会，于是，他们再次驳回了橘子通讯的申请。

这是小虾米对抗大鲸鱼的一次胜利，一小群坚定的公民发挥了行动的力量，但令我最感兴趣的，还是这个危机事件对我们社区关系的影响。我所住的社区人口混杂，位于建于20世纪30年代的私宅对面，是60年代为劳工阶级建造的公共住宅区。撒切尔夫人执政后，对公租房实行私有化，居民可以购买自己所住的公寓。因此在我们这条街区，几乎是"居者有其屋"。我们这里有辛勤经营小店面的南非及印度移民；有整天工作，供孩子就读私立学校的印度裔寡母；当然还有许多富裕的邻居，在他们眼中，上述的小店面和简陋的公寓形同禁区，"就像贝鲁特"，我的一位邻居曾经半开玩笑地说。

但是面对共同危机时，这些邻居都抛开了分歧，跨界到"贝鲁特"来，在更深层次上取得了联系。在紧急状况下，我们发现了从未想过的"社区的灵魂"。

为了超然目标一起努力

为了实现"超然目标"，同社区的人也可以一起存钱，比如冲绳人的例子。58岁的正弘洋子是一个寡妇，她丈夫在2000年过世，她在家乡冲绳最大的城市那霸开了一家健康食品店。店名是"いちゃりば"（Ichariba），日文大意是

"我们相聚，即成一家"。"いちゃりば"也代表了洋子处理财务的方式，她有一位值得信赖的朋友每个月都会来家里收钱，她会交付5万日元给对方，满怀期待地等着拿下一年的本息金。

这个小岛深受美国影响，第二次世界大战以来一直有数千名美军驻扎，但冲绳仍旧维持着古老的习俗，包括独特的互助系统"模合"（译者注：即台湾民间盛行一时的"合会"或"跟会"）。"模合"就是由几个朋友合资凑钱给有急用的人，每隔一段时间（一周或一个月）开一次会。在这里，货币既是友谊，也是一种存钱方式：参加的人在规定期限内分期拿出一笔钱，总期限则根据参加人数而定，比如共有10个人，那"模合"就持续10个月。

洋子加入的"模合"每个月每人交5万日元，这笔钱会轮流分配给某位成员，条件是拿到钱的人要在约定的剩下月份里，每月支付2000日元的利息，有时，利息也可以象征性支付，没有硬性规定。其实"模合"主要是朋友每个月聚会的借口，当洋子还是年轻主妇的时候，就与大学友人组了一个持续了很长时间的"模合"，以便暂时抽离忙碌的家庭生活，与朋友共处一个晚上。

冲绳人热衷于"模合"，还有一个原因：他们对银行和银行复杂的手续非常不信任。因此，至今许多生活在农村地区的日本人仍然靠着"模合"方式存钱买车或买房，而不是向银行贷款。洋子就认为"模合"是比银行更好的金融系统，不但利息很低，更是一种互相扶持：当别人需要钱的时候，你能帮助他们,等你需要钱时,他们也会这么做。

"模合"类似于公共物品博弈,依靠的完全是信赖,尤其重要的是组织者的诚信(万一出问题,须由他负责)。在日本本土,还有一种与"模合"类似的民间互助形式,叫"赖母子讲",大致意思是"可靠的群体"。所有"赖母子讲"的成员,尤其是组织者,都是乐于投桃报李的人,这对日本人来说是不言自明的。

另一个打造强大社区的方法,就是建立集体荣耀感。例如,本书第五章提到的美国宾夕法尼亚州长寿村罗塞托镇,沃尔夫医生研究该镇的长寿秘密时,发现是居民的某些具体的行为让这个小镇成了高度团结的文化社区。除了为美丽的小镇感到骄傲之外,居民对自己的人生道路也都很清楚,年轻小伙子知道他们日后会在矿场工作,而女孩则清楚她们会去当地的成衣厂。多数家庭都是三代同堂,几乎没有人靠社会救济度日,居民确信他们没有疏忽任何一个人。另一方面,没有人会以邻为壑,也没有人竭力炫耀或与邻居攀比。这种团结、和谐的感觉,让虚浮夸耀及嫉妒心理都减至最低。虽然难免有贫有富,但大家比邻而居,富人不会招摇,穷人不会自卑。罗塞托小镇,因为有共同目标而充满活力。

减少偏见,也会让你停止比较

类似的情况,在叙利亚也可经常见到。30岁的努尔·哈克是大马士革的一名翻译,她曾听老祖母说起以往邻里间发生的事。那里每栋房子都以石头和砖块建造,外观被刻意建的看起来很低调。走道为大花园留出空间,有树木、喷泉,四周种着鲜花。每个人的珠宝只能穿戴在衣服里面,避免在外炫耀,而伤了邻居的心。如果有人没有足够的钱买房子,邻里会集资捐助。如果你煮东西时,香味飘到了邻居家,就有必要分一些给他。哈克说,她痛惜这些旧观念已经流逝。伊斯兰国家也在西方化,现在的女人只想穿香奈儿和古驰。"炫耀,"她说,"意味着上帝在保佑你。"

社会心理学家威廉·杜瓦斯发现,人们天生就有加入各种小群体的倾向,他认为人们可以借由"交错分类"结合在一起,而不只是加入一个群体。这种做法不仅可以减少对外围群体的偏见,也可以让人停止比较。它使我们不再需要专注于单一因素(如宗教、性别认同、政治,或是社会经济背景)来获得归属感。加入多种群体的人可以创造出"超然"认同,而"超然"认同本身就已被证明能减少偏见及恐惧。

事实上,最健康的身心状况,并不是与单一群体的强烈连结,而是要多样化。埃克塞特大学社会心理学家约兰达·耶腾观察了许多社会网络,发现适应得最好的大学新生及最不常沮丧的人,就是那些加入最多群体的人。当依据最大的保护伞来定义自己的时候,我们是最幸福的,就像罗塞托的居民并非为了收入、宗教或政治归属而聚在一起,他们的开心自豪,源于他们都是罗塞托镇的居民。

人们对自己群体偏袒的倾向,也会产生歧视。在美国心理学家亨利·塔杰菲尔的一项研究中,当一群男孩得知有些人的计算机分数与他们相同后,他们会联合起来歧视那些达不到同样分数的人。强调任何形式的差异,都足以制造出"少数群体",从而区分出"内部群体"及"外围群体"。这一切只需一道墙,不论它多么不堪一击。

要在社区及社会中建立键结,最重要的方式或许是扩大"我们是谁"的定义。哈佛大学教授帕特南在其宗教多样性研究专著《美国的恩典》中,发现美国人越来越能包容宗教的多样性,也更能接受家人与信仰其他宗教的人通婚。在宗教方面,不同群体间的接触与通婚确实促进了彼此接纳及认同,但在族裔身份方面,至今仍没有太多起色。这表示我们对种族认同更为坚固,且比精神认同更排外。然而,接纳和合作都是可以培养和重建的。

一旦我们摒弃掉人类结群行为的竞争特质,我们的身心就能开始富足。就像重叠的分子,我们学会再度连结,并重新唤回最自然的存在方式,建立一个更豁达、更包容的身份,一个更广义的、关于"我们"的定义。你身上贴的群体标签越多,你就能包容越多的人。

本章摘要

1. 门禁小区越来越多，不仅有门禁，邻居之间也立起了高墙。而这都是因为一个概念而起——以个人为尊。

2. 接触假设：人格心理学家奥尔波特认为不同群体成员之间相互接触，是降低偏见的最佳方法。

3. 建立一个"超然目标"，才能有效消弭偏见，促进跨群体的合作。

4. 每当人类以同步方式协同合作时，他们的脑波也会同步，而这似乎是所有群体关系能够成功的基础。

5. 泰霍尔特镇铺设供水管道的经验带给我们的启示是：不只要减少偏见，而是要拆除人与人之间的那道围墙，就像一切都是为自己做的一样。

6. 人们对自己群体偏袒的倾向（认为自己的群体优于其他群体），也会引发歧视。强调任何形式的差异，都足以制造出"少数群体"，从而区分出"内部群体"及"外围群体"。

7. 参加更多不同属性的群体，能让你包容更多的人。

第十二章　让爱传出去

> 我们每个人手上都握有资源，只要心念一改就能造福他人。因此，我们要改变的是自己，而不是世界。当慷慨成为基本的社会资本，我们就能从更宽广的角度、更多元的观点来看待事情。

1998年对加州大学伯克利分校计算机科学系的学生而言，是幸运的一年。当时硅谷的公司正处于互联网泡沫繁荣期，招聘专员不得不跑到校园里大举征才，以解决对网络营销人才的需求。美国五大会计师事务所，打算从伯克利工程及计算机科学学院、哈斯商学院吸收新鲜血液。主修计算机科学、辅修哲学的尼普恩·梅赫塔显然就是个中首选。

梅赫塔是个相当活跃的奇才，他14岁开始编程，16岁进入伯克利，大三时就在美国太阳微系统公司做兼职，用工资来负担大学学费。毕业后没几年，他就拿到六位数的年薪、优先认股权和签约奖金。就像湾区许多成功的年轻人，他也借着互联网大潮乘风破浪。许多伯克利毕业的编程工作者，几乎都一夜致富，在企业初次公开上市时获得了大量股份。有些人辞去程序设计师的工作，跳进了疯狂的投机市场。朋友们谈论的话题不是如何把这笔巨大的意外之财花掉（再买一栋房子或一辆最新款的宝马跑车），就是哪家公司首次公开募股的选择权更好。

那个肮脏瘦弱却像天使一样的老人

某种意义上,充满成功欲望的梅赫塔仿佛天生就适合这场泡沫繁荣。尽管是年纪最小的学生,他却以第一名的优异成绩从高中毕业,他还是当地网球锦标赛的明星球星。当他觉得锦标赛已经不能再满足他时,索性在高中最后一年跳级到社区大学注册入学,以获得资格参加更具挑战性的巡回赛。除了技术方面的天分,梅赫塔也热衷于追求财富,并将他对成功的渴望投入了股票市场。当他还在伯克利读书时,就已经通过互联网买卖股票,每天经手数万美元,除非获利,否则绝不退出。

1999年年中,梅赫塔开始对周围那种"一夜致富"的文化感到不安,特别害怕它对自己的影响,他觉得自己快在贪婪之海中溺毙了。有时,他会想起青少年时对他影响深远的一次特殊经历。在从日本飞印度的长途航程中,他和哥哥正好坐在一位名叫"阿新"的日本男子旁边。一开始他们只是友善地问候,但是聊开后就停不下来了,十几个小时的飞行中几乎都在聊天。阿新是物理学家,个性与梅赫塔很像,是一天工作20个小时、用15杯咖啡维持体力的工作狂。他在前一年被诊断出罹患了晚期前列腺癌,生命只剩两个月。阿新意识到这是他自己造成的后果,而源头是他口中所说的日本男子气概:承载巨大压力,离谱地超时工作。他报名参加了转变内外身心状态的课程,这开启了他的能力,更重要的是，改变了他对人生意义的看法。

当梅赫塔开始一天工作18个小时时，就会不时想起阿新说的话。他不想等到60岁才后悔：努力了一辈子，最值得夸耀的只有存款颇多的银行账户。

另一个深刻体会，则在印度等着他。在拜访老同学后，他和朋友骑着摩托车高速奔驰在孟买坑坑洼洼的马路上，梅赫塔受不了颠簸，停在路边吐了起来。这时一个肮脏瘦弱的老摊贩骑着自行车经过，他看见梅赫塔的样子，从口袋里拿出一颗柠檬，切成两半，一半递给梅赫塔，比画着要他吮吸以舒缓反胃带来的不适。这可能是他仅剩的一颗柠檬，而他却乐于分享。老人什么话都没说，就转过身骑着自行车走了。

他在别人有需要时，不知从什么地方冒了出来，而做了善行后就这么悄悄走掉了，连一声道谢都不用。这让梅赫塔深切反省：如果角色对换，他不敢肯定自己会做同样的事情。此外，这也跟人们在硅谷所做的慈善事业大为不同，他们还用施予来炫耀，如同他们生活的其他方面一样。

梅赫塔回到硅谷后，慎重地审视了自己的生活。他联系一起工作的朋友创立了"捐献社"，每个月从他们丰厚的收入中拨出一小部分当作慈善基金，此外，他们还每周六聚在一起做三明治，分送给无家可归的人。

1999年年初的一天，梅赫塔和朋友前往圣何塞的"帮助流浪者行动"做志愿服务。这些年轻的硅谷工程师们抵达后，看了一眼收容所，产生了另一个想法。收容所真正需要的援助是建一个网站，而当时这项专业服务得花1万美元，远远超出收容所的预算。梅赫塔告诉负责人，网站可以让公众了解这里和这里的工作，此外，网站还将快速吸引湾区各地的捐款，这些捐款将远超过梅赫塔及朋友计划捐赠的东西。他们很快为收容所建了一个网站，正如他们所想，网站迅速提高了收容所的公众知名度。同时，这也激发了一个伟大的创意。

传递友善和慷慨的活动

有天晚上，梅赫塔邀请一群朋友（年轻的专业人士）到他家聚会。他告诉大家，虽然希望渺茫，但他还是想要改变硅谷贪婪和物质主义的文化。首先他们能做的是改变自己。梅赫塔邀请这群朋友在加州的西海岸地区进行"施予之乐"的实验，这里生活着全美国最自私的一群人：硅谷人均拥有法拉利跑车的比率在全美居冠，但慈善捐款的份额却最低。

梅赫塔计划创办一个慈善机构，让志愿者通过网站向其他慈善机构及非营利组织传授技术。只需巧妙地编一些程序，就可将非营利机构打造成与科技接轨的组织，并且更有效地深入社群。

梅赫塔很清楚自己的目的。"我们不是来这里娱乐自己，"他说，"也不是来这里拓展人脉的。"表面上看来，他甚至不是为了慈善才这么做。最初，只是想通过在他们内部营造一种"施予"的氛围，形成一股大的社会风气。特里斯纳·沙阿是梅赫塔兄弟的朋友，她清楚地记得第一次会议，那是她在伯克利哈斯商学院度过的第一个夏天。"话题都围绕着施予，比如施予的行为如何改变我们，"沙阿说，"我们想创造一个改变内在的机会。"梅赫塔的观点在网络上引起很大的回响,他们的努力就像病毒一样传染开来,施予的观念缓慢而稳定地渗透进了社群之中。

1999年,梅赫塔正式成立了一个叫"慈善焦点"的公益团体。他们最初的计划,是免费提供服务给任何需要互联网技术协助的非营利组织。"慈善焦点"完全由志愿者运作,没有全职人员,因此每位成员都是无条件奉献他们的私人时间。没有薪水,人人平等,没有职位高低,也没有谁的贡献比较重要。他们只接受自愿捐赠,从来不主动募集资金。如果缺乏资金运作,就利用手上的资源来赚钱。他们的真正目标是小我——改变自己,而不是改变世界。

麦克·雷萨的"移动牙科",是"慈善焦点"提供免费服务的对象之一。雷萨在圣何塞拥挤的小办公室为穷人提供牙齿保健服务,他对这份工作充满热情,开着拖车到穷人学校等地方,提供低价的牙科服务。雷萨最大的问题不是志愿者,而是客户。没有人知道"移动牙科"的存在,他需要增加知名度,但他不知道怎么做,而建网站显然超出了他的能力范围。梅赫塔和几位在网景公司工作的"慈善焦点"成员,免费帮雷萨建网站,然后观察网站对雷萨的慈善事业有何影响。

他们的小小贡献——花几个小时为雷萨制作的网页模板,为雷萨的公益事业带来了全新的契机。从施粥站到国际救援组织"航空大使","慈善焦点"陆续为各类型的慈善机构建了超过5600个网站。

2001年,梅赫塔辞掉在太阳微系统公司的工作,成为全职志愿者，通过网络传播他的观点。他的团队在名为"日行一善"的博客上发布网志，刊登激励人心的故事和语录，并创建了网站 helpothers.org。如果你为某人做了一件好事，就可以在网站上留下一张"微笑卡"，请对方把爱传出去，用另一个善行来回报这个善行。梅赫塔还创建了 KarmaTube，这就像好人好事版的 YouTube，向观众展示人人都可做到的小善行，宣传"变革推手"和小型志愿者群体的工作。此外，还有一个称为"周三计划"的活动，让各个志愿者群体能定期聚会，讨论并共享晚餐。

梅赫塔设计"周三计划"，是为了观察内心宽容慈悲的人在彼此之间形成的信任。每周三，梅赫塔的父母会邀请陌生人到他们在圣克拉拉的家。我写这本书的时候，他们已经接待了超过 25000 人，每周约有 40 至 60 位新加入的人，而现在全球已有 24 个类似的集会点。与会者涵盖了各行各业，百万富翁的旁边可能坐着一个失业人士。然而，所有人都有机会拿到麦克风，在每周的读书会后发言讨论。在这种气氛下，大家都是一视同仁的。

梅赫塔说："当慷慨成为基本的社会资本时，你就能从更宽广的角度、更多元的观点来看待事情。这能加深彼此的信任。盛着感激之情的杯子满溢，并以各种方式将其化为行动。"

13 年来，每周一次的圣克拉拉"周三计划"一直都顺利进行，没有东西遗失，没有争吵，也没有出现解决不了的问题。唯一的争论是，今晚谁来做菜。屋里没有放捐款箱，因此不时会出现充满创意的回馈方式，比如有人留下了一个大鞋架，足够放100双鞋子。梅赫塔不断调整他的实验。最近，他在父母客厅的书架上放了一些鼓舞人心的书，成立了一个"开放"图书馆，让大家随时都可拿走书本。这个体系完全靠信赖运作，没有用来记录的借书登记簿。上千本书一直在转手，但现在书架上塞满了比当初成立时更多的书。

梅赫塔不时地给"周三计划"的参与者提出新挑战，他会要你联系曾经让你不愉快或不理会你的邻居：给他们写张卡片、送盘甜点过去，帮他们把垃圾拖去垃圾场，或是让你家的孩子去跟他们家的孩子玩耍。不需要多重的礼物，只要不吝于在此时此地做些小事，不论你做了什么，都能加深人我之间的连结。

一张微笑卡，连结着一颗心

"慈善焦点"由世界各地数以千计的志愿者运作。至本书写作时，已发出超过100万张"微笑卡"。有30万名读者注册订阅，它的各类网站年点击率也超过百万。梅赫塔以不同的方式启发着世界各地的人。湾区某个家庭让儿子在生日那天和朋友一起为别人免费洗车，然后带孩子们一起去冰淇淋店，让他们买冰淇淋送给排队的人，以此向孩子们展示什么是"施予之乐"。

沙阿的父亲是个企业家，早年随家人从肯尼亚来到美国，孩子都接受过高等教育。起初他很讶异女儿会到"慈善焦点"实习，当时她的朋友都在营利企业实习。不久之后，女儿的转变深深感染了他，促使他最终选择离开房地产业，到癌症医院工作。

玛丽是一家大型软件公司的员工,梅赫塔的信息也感动了她。有一天在公司的自动售货机前,她突然有了灵感,决定每天下午买可乐时,在自动售货机里为下一个顾客留些钱,并附上一张微笑卡及一张便笺,上面写着:"这罐可乐我已经帮你付过钱了,请带走这张微笑卡并传递下去。"

接着,玛丽展开行动,马上整个办公室都在收发邮件,试图找出谁是公司的神秘圣诞老人。有两三名员工甚至组成监视小组,时时观察。玛丽决定要扩大行动,她每天都溜到其他楼层,偷偷留下一个甜甜圈。"好几个月人人都在谈论,"梅赫塔说,"甜甜圈事件成了大家茶余饭后的新话题。"

还有一位三年级的老师,他分发"微笑卡"给班上的学生,告诉他们放学后要记得随缘行善,把它当成家庭作业。一名小男孩茫然不知所措,他在家附近游荡,直到碰到一只迷路的狗。他在项圈上找到狗主人的地址,把狗安全送回了家。狗主人不停跟他道谢。"嘿,这没什么啦。"这个8岁的孩子边说边拿出微笑卡,"这给你,把爱传出去。"

沙阿是住在伦敦的美国侨民,她一直对"塔可钟"牌的辣酱念念不忘,但在她家附近却买不到。不久前,她入院接受一次小治疗。梅赫塔在网上呼吁美国志愿者帮忙,不久后,小包装的"塔可钟"辣酱每天都会出现在沙阿家的信箱里。

梅赫塔和志愿者手持带有微笑图案的旗帜出现在热闹的旧金山街头,红灯时停车的司机都能看见他们。在纪念9·11"为希望而走"的集会上,支持和反对美国进行军事制裁的人彼此对峙，梅赫塔则让志愿者给敌对双方同样的拥抱。"我们希望告诉他们，意见不一致也没有关系，"他说，"但首先，我们的感情和理智必须停止对立。"

现在，我们就站在进化的关键点上

梅赫塔是世界潮流中逆流而上者。当前的主流思想是原子化——将事物分解为一个个组成部分，再将组成部分当成独立主体来研究。此外，几乎所有发达国家都建立在个人主义文化和个人利益之上。数百年来，我们走错了路线，将个人满足当成主要动机，因而付出了巨大的代价。随着个人主义的炽盛，生活满意度各方面的指数不断下降，从医疗、教育、寿命到城市安全，无论贫富，无一例外。

在某种程度上，我们忽视、违背了自身趋向于群体的天性。随着一步步远离键结，我们一步步朝疏离的方向前进，远离自己的至善与至真。经济危机层出不穷，政治斗争永无止息，还有更多的冲突、更多的生态灾难。我们和世界之间的墙，越来越高。对于现实生活中的公共物品博弈，我们全都拒绝参加。

此刻，我们来到了人类进化的关键点，必须在此做出抉择。我们是人类史上最重要的世代之一，发生在我们身上的所有灾难，以及我们的抉择，将会影响子子孙孙和后世的世界。我们可以继续沉迷于寻找宇宙中最小的碎片，根据愈加严格的定义区分人与物，我们持续与天性对抗，与我们之外的连结越来越少。然而，或许我们有更好的选择——接受与此相反的冲动,一种寻求整体性和连结的自然驱动力。

许多细微迹象表明,博弈局面正在转变。梅赫塔是博弈论学家所说的"激励者",经济博弈中的革新者。马萨诸塞大学的名誉教授赫伯特·金蒂斯与瑞士经济学家恩斯特·费尔就博弈论和"强互惠"的发展进行了广泛研究,他们发现在公共物品模拟博弈中,某些群体的文化并非一成不变。倘若轮换制的文化因为吃白食者太多而分崩离析,那么只需要一小群人坚持"强互惠"来"干扰"自私的人群,就可让形势逆转。"尽管崇尚'强互惠'的人数比例很小,但偶尔也能在群体中形成足够的比例,并在艰难时刻保持合作。"金蒂斯说,"这样的群体会逐渐取代其他自私的群体,而'强互惠'的人数比例也会增长。这样持续下去,'强互惠者'的比例最终会达到平衡。"

金蒂斯的意思是自私和利他都很容易传播,但利他更具感染力。正如费尔所发现、布朗宁借助博弈论所证明的那样,好人策略更容易构建也更容易渗入社会结构中。这种感染在小群体中散播得更快,一旦群体中的协作或自私行为稳定在某个水平上,即使比例很小,它仍会传播开来。回归我们渴望建立键结的人类天性,即使是"慈善焦点"这样的小群体,也能让"施予"发挥强大的感染力。

像梅赫塔这样的激励者,会本能地了解键结的力量——在他们心中,人类最想要的是属于彼此。正如社会学家阿克塞尔罗德在"囚徒困境"竞赛中所发现的:参与者了解善意是最强大的策略,而且始终优于自私。无私才是最自利的行为，因为它对所有人都有好处，包括自己在内。我们每日的生活就像纳什均衡，同时在考虑什么有利于世界，什么有利于自己。

最近，梅赫塔在当地组织了另一个研究慷慨的实验——"卡玛厨房"——以观察能否依靠顾客的慷慨来维持生意。他说服了传统印度餐厅"喜马拉雅风味"的老板拉金·塔帕，允许每周日上午11点到下午3点期间由"慈善焦点"的成员来管理餐厅。"慈善焦点"支付厨师工资及材料成本，而服务员、洗碗工和清洁人员等则由志愿者担任。

周日早午餐的菜单上没有价钱，账单上的数字是零元，但上面贴着一张纸条："您的餐点是上一位客人送您的礼物。为了让这份礼物传递下去，我们邀请您为下一位用餐客人代付款项。"用餐的人想付多少都可以，数目都会予以保密。每周的收入会支付给餐厅作为调料、食材费，盈余部分则用来支付下周的费用或拨给"慈善焦点"的其他活动。到目前为止，每周日都是入大于出。

为了"超然目标"一起努力

最近，社会学及网络研究专家古乐朋发现互联网上有一个"把爱传出去"的现象。参与者随机分组，和陌生人进行一系列一次性的公共物品博弈游戏。

这个活动让古乐朋和搭档福勒得以搭建一个互动网络平台，借此探索某种行为如何沿着网络在人际间传播。他们发现了梅赫塔孜孜以求的科学论证：施予的行为会自动扩散，这是一种"把爱传出去"的利他主义。参与者的行为能感染网络中的其他人，影响他们将来的互动方式。"如果汤姆善待哈利，哈利会善待苏珊，苏珊会善待简，而简会善待彼得。"古乐朋写道，"所以，在简对彼得的善意中，我们能看见汤姆对哈利的善意，尽管简和彼得、汤姆和哈利这两组人既不相干也没有互动。"

善心与慷慨的行为，会通过多轮的博弈传播，也会在网络中以多达三次的关系（朋友的朋友的朋友）散播开来。古乐朋和福勒写道："博弈第一轮中个人对公共物品的额外贡献，会在实验过程中增加三倍，这是因为其他人受到直接或间接影响而贡献得更多。"你为朋友做的每个善行义举，他都会传给他的朋友、他朋友的朋友，以及朋友的朋友的朋友。古乐朋证明梅赫塔的直觉是正确的：善行义举能产生一连串的合作行为，就连铁石心肠的人也不例外。

一代又一代，在现代社会中，人与人之间的距离逐渐拉大，一些有远见的个人主义者推动了整体观的改革。1929年经济大萧条银行业危机期间，约翰·斯皮丹·刘易斯在父亲突然辞世后成为英国百货公司的负责人，他认为外部股东使资本供给与其用途分离的现状是"资本主义正常运作的倒错行为"。

"资本主义带来了巨大的好处，"他写道，"但是这种倒错让社会失去了稳定……在贫民窟消失之前，出现百万富翁是种彻底的错误。"

刘易斯骨子里是一个注重互惠和公正的人。在这份当时非比寻常的声明中,他指责那一大批拥有公司股权却远离公司运作的人都是吃白食的人。相较于社会主义,他更相信个人报酬与实际贡献相称的那种资本主义。他明白,社会欠缺公平对每个人都是有害的,不论你是贫是富。"报酬差异必须要够大,才能驱动人们尽其所能,"他写道,"但现在的差异却大得过分了。"

偶然间,刘易斯想出了一个主意:他要为自己的企业建立一个"超然目标"。他将百货公司的管理模式转变成合伙关系,每个员工都是股东。不论一个人的贡献多么轻微,他都能获得一系列津贴,包括丰厚的退休金和供周末度假用的乡村俱乐部会员资格。但刘易斯最不同凡响的想法,是让员工一起分享企业的盈利。除了根据业绩收到不同薪资,到了发工资这一天,从最底层的货架整理人员到公司总裁,所有员工都会收到一笔与薪水比例一致的奖金。

2010年3月初,英国最大的零售商之一玛莎百货的利润率只有5%。当时刘易斯拿出总利润的9.7%,共计约人民币16亿元发给员工,该连锁公司7万名员工每人领到相当于其基本薪资15%的分红奖金,约合八周的薪水。"日子不好过,"一名员工提到2009年的经济衰退时说,"但是我们很团结。"刘易斯知道,当他的员工一起为整体利益的"超然目标"打拼时,在他们之间出现了共振效应。就像牛津划艇队的桨手一样,合作的力量提升了每个个体的比赛技巧。

戴夫·巴勒姆则是这个成功故事的美国版。1946年,他在加州圣莫尼卡马斯尔海滩的码头边经营热狗摊。除了提供美味的热狗和柠檬饮料，巴勒姆相信如果员工的心情好，那么他们和顾客的关系会更好。他的策略非常有效。多年下来，他的"棒棒热狗"店已发展成为规模可观的连锁店，在美国各地购物中心共开有105家分店。巴勒姆不断地创造新方式让顾客和员工感到更愉快，他在很多店里加设庞大的充气滑梯，并在20世纪60年代中期，设计出原色粗条纹热裤和骑师帽的员工制服，为了让员工觉得与众不同，也为了突显这份工作的趣味性，每顶帽子都是纯手工量身定做的。

1991年去世之前，巴勒姆决定与合作多年的团队分享他的财富，他建立信托基金，让员工能出资购买股份。目前，"棒棒热狗"是全球唯一一家股权和品牌完全归员工所有的快餐连锁店。正如刘易斯的案例，所有权让员工对公司更为忠心，流动率异常低，这是快餐连锁业前所未见的情况。老员工阿夫顿已在公司待了10年，他说："每当我的工作出现调动，都能确知自己将会有一番作为，我的贡献会影响我的股份。然而，最重要的是，我觉得同事们也都是这样想的。"巴勒姆的信条是把快乐当成"超然目标"——"棒棒热狗"的欢乐气氛感染了收银台内外。

1969年，美国俄勒冈州波特兰市的一群居民用行动抵制了城市扩张的浪潮，他们组建了"河滨为民"团体，以抗议拓宽河滨公路。他们呼吁抑制高速公路发展而着重建设河滨的步行道。经过两年的讨论，"河滨为民"获得胜利。港口大道不见了，原址改建成汤姆麦科尔河滨公园，波特兰成为宜居的城市生活的典范。更重要的是，在当今社会资本逐步萎缩时，波特兰的公民仍然是全美国最活跃的社会活动参与者。他们已经明白团结成超个体将会产生强大的力量。

在英国，当地社会活动人士组成了"科因街社区建设"组织，连手抵抗了地产商的一个大型开发项目——在泰晤士河南岸的白人工人阶级聚居区兴建豪华高层住宅。在成为新兴产业中心后，这个社区贡献出了产业转型的部分所得，用于公共艺术空间和儿童中心的建设，其中包括位于牛津塔顶层的豪华餐厅"哈维·尼科尔斯"。以这种方式，科因街的人们让社区的私人资本进入了一个良性循环：资助弱势群体，无须政府拨款。

"超然目标"的强大力量，每天都有新例子。例如，美国各地的创新型组织，利用键结的力量通过集体协作的方式提供公共服务。"南马里兰电力"是一家消费者所有的合作社，提供该州部分电力供应，其总部设于西雅图的"群体健康合作社"，让会员自己管理他们的非营利性医疗系统。意识到全球合作的必要性，一些宗教领袖甚至勇敢地跨越藩篱。2007年，一群穆斯林宗教领袖发表了一封标题为"你我之间的共同语言"的公开信，通过强调基督教与伊斯兰教之间的共同连结（两个宗教在戒律上都要求信徒爱上帝、爱邻里），促进两教民众对彼此的理解及包容。

然而，当今我们的生活方式不断出现危机，我们需要采取比温和资本主义及公民重建的个体行动更激进的措施。我们现在需要的，正是思想的革命。我们必须放弃原子化的路线，不再以这种方式与人交往，不再以这种方式营建社区，最重要的是，不再以这种方式来认识世界。对我们所有人而言，现在已到了认真接纳跨学科领域新发现的时候了，它们证明我们一直以来都维持着错误且危险的自我观点。现在，我们要开启新的启蒙时代，承认及尊重整体性，并摒弃人群、宗教及政党之间的对立。就像梅赫塔一样，我们全都必须努力为我们的"超然目标"建立键结。

今天，我儿子教会我慷慨

2009年，"卡玛厨房"在华盛顿特区的印度马球俱乐部开了第二家餐厅，2010年，在芝加哥的克莱·奥芬印度餐馆新增了第三家。华盛顿的餐厅开业不久后，来自墨西哥的一家人带着疑虑走进餐厅。父亲是一名经济学家，他强烈质疑这种预付概念，他原先认为如果你信任别人，他们就会利用你。用餐结束后，他正在考虑要不要一分钱都不给，身旁11岁的儿子却马上抽出一张20美元的钞票，那是他这个月的零用钱。

"这是什么？"父亲问。

"我的捐款。"他用西班牙语说。不顾父亲的反对，男孩坚持留下了那张钱。

父亲转头看向别处，好一阵子后伸手拿出钱包，把他全部的20美元面额钞票塞进账单夹。离开前，他匆忙写了一张纸条："今天，我的儿子教会了我慷慨。"在施予的行为中，一个可能会贪小便宜的人也会变成公共物品博弈里最慷慨的参与者。

"慈善焦点"是将"超然目标"打造为人生目标的范例，其目的在于与客户形成强烈共鸣。迄今为止，两家餐厅收到的捐款都超过了他们的餐点收费。来自世界各地的人自愿担任餐厅员工，只为体验不求回报为他人服务的感觉。在得到了无条件的礼物之后，许多用餐的人都感动得流下了泪水。他们彼此拥抱，并留下感言和诗歌，以及钱。几乎所有人都问志愿者："我能做些什么？我能帮些什么忙？"他们脸上的表情，更甚于言语，就好像刚刚想起了最喜欢而已经忘了大半的曲子。

　　没错，就是这个，他们似乎在说：这就是人之所以为人的意义。

本章摘要

1. 由梅赫塔发起的一连串传递友善和慷慨的活动,在网络上引起很大的回响。他们这群年轻的志愿者,为了社会所做的努力就像病毒一样传染开来,施予的观念缓慢而稳定地渗透进了社群之中。

2. 当慷慨成为基本的社会资本时,你就能从更宽广的角度、更多元的观点来看待事情。

3. 我们某种程度上忽视了自己回应整体的天性,随着一步步远离键结,我们一步步朝疏离的方向前进,远离自己的至善与至真。

4. 我们正站在进化的关键点上,必须做出抉择。我们是人类史上最重要的世代之一,发生在我们身上的灾难以及我们所做的抉择,都会影响到后代及全世界。

5. 虽然自私很容易传播,但利他是更具感染性的冲动。因此,即使是一个小规模的公益群体也能让施予(付出)的观念发挥出强大的感染力。

6. 我们正要开启新的启蒙时代,承认及尊重整体性,并摒弃人群、宗教及政党之间的对立,我们全都必须努力为我们的超然目标建立键结。

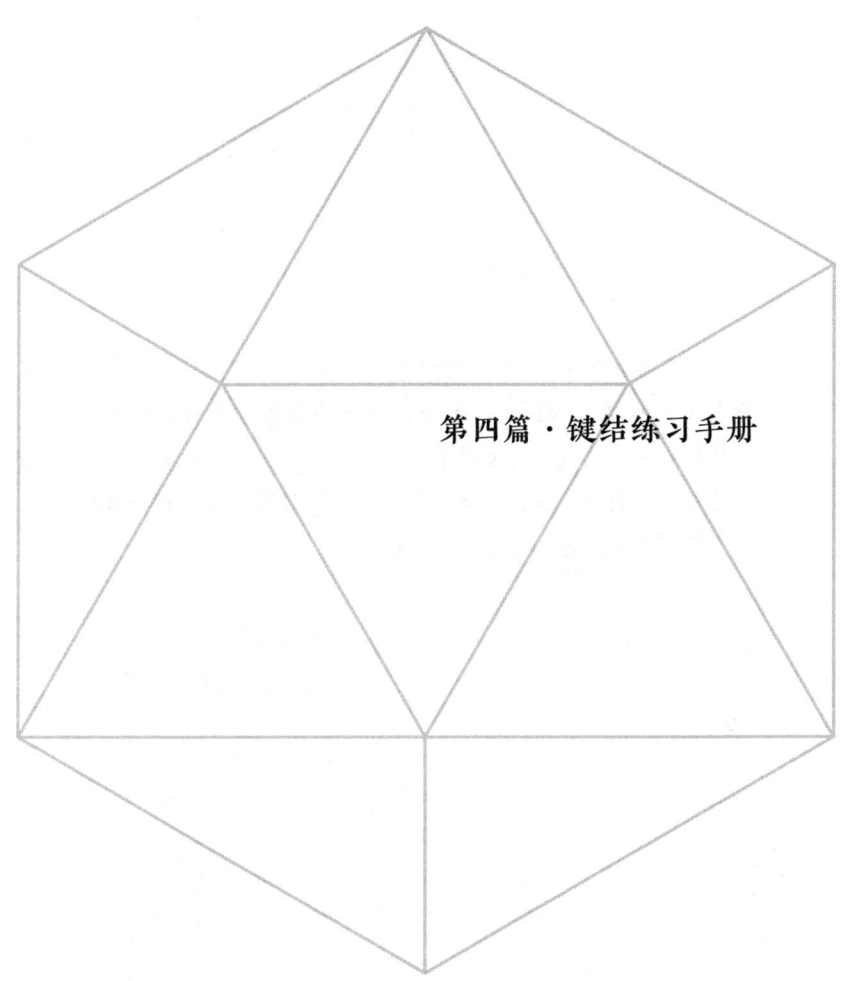

第四篇·键结练习手册

我们称之为宗教的那种感情……其实大部分是这样的感悟及说出这件事的欲望：每个人都与全体事物相关，与所有已知或未知的现实有着难分难解的关系……同时也是这样的认知：万物为一体，个体即万物……不妨从这潮池仰望繁星，再回看这潮池，你将有所收获。

——约翰·斯坦贝克
《科特斯海航行日志》

第十三章　双赢策略，稳固正在崩毁的世界

> 你在本章中将会学到一套简单的练习系统，可以提升你的键结意识，并让你学会在一对一关系和群体关系中如何运用它，摆脱"你输我赢"观念的钳制。

本书前三篇，目的是改变我们的人生意义——提示所有生命本质上是相连的，而非相互竞争，并探讨我们这个新的人生意义如何改变我们彼此的相处方式，不管是在我们的个人关系、各个社群，或是学校和工作场所等各种机构中。

第四篇要提供给读者的是做法，让你将这些原则带入生活里。我希望你能因此改掉操控我们生活的竞争观念与个人主义，同时我也期望透过本书，让你能滋养壮大对全体、合作、公平、无私、互助及群体的深层渴望。

想达到这种目标、增进人际关系、改善居住的社区或城镇，甚至应付现在世界面临的许多问题，关键就在于改变支撑着我们社会各层面的核心信念——不是我赢，就是你输。

我希望这本书已经说服你，这个错误的信念——赢过他人才是赢——是我们这个时代最大的毒瘤，它能解释西方世界遭遇的每一种危机。在运动场之外，不管从哪方面来说，竞争都已经被证明是个危险又过时的做法，在商场上、教育上、解决问题方面、人际关系甚至是社群建立，都是如此。

我们甚至可以说,竞争的观念可能是阻碍进步的最大一颗石头。近期的研究显示,当学生、职员、管理干部、企业老板、夫妻和邻居以合作方式共事时,他们会更快乐、更健康、生产力更是大幅提高。

采用合作学习的方式,让A段学生跟C段学生一起做作业的学校,跟那些依据能力分组、让学生追逐高分或不断力求超越个人成绩的学校比起来,前者的成绩更好。当不同种族与政治团体放弃在妥协或输赢中角逐,并聚在一起各自自由表述自身的价值观时,彼此沟通会更顺畅,各种关联性及解决办法会自然出现。在工作中,透过合作产生的解决方案,往往比针对个人绩效做评比而产生的方案更有效率。

畅销书《心灵鸡汤》的共同作者杰克·坎菲尔德,曾被微软请去做成功学训练师,他说微软在公司内部建立了竞争性的"孤岛",员工彼此之间为了绩效针锋相对,并依照个人的成败来接受奖惩,这样的做法营造了凝重的氛围,事实上这也扼杀了创意,导致这家公司的市场占有率节节衰退。相反的,微软的主要竞争对手——谷歌的气氛则完全不同,在这家公司里,每一份子都被鼓励以团队精神工作,员工皆有充裕的时间与空间来进行集体脑力激荡,并依据整体团队的付出受到奖赏。谷歌排除掉恶斗文化,成功运用了键结——不只营造出更快乐的员工,最终还取得比竞争对手更好的成绩。

思想革命,从"我"改成"我们"做起

自从《念力的秘密2》上市以来,许多美国读者问:但个人的权利要怎么办呢？商业、教育、运动——甚至可以说每件事情——最重要的推动力不就是合乎人情的自私自利吗？创新者要达成目标，追寻个人梦想不就是更好的诱因吗？假如我们不重视"第一名"，我们要如何成就非凡，并且取得任何胜利呢？

将我们的人际关系与社会焦点从"我"改成"我们"，无论如何都不会损害到个人的利益、能力、成就、表现或私有财产。它也不会要求我们放弃辛苦赚来的钱财，不会排斥我们的经济体系，或颠覆我们的民主生活方式。我们唯一要改掉的是——牺牲他人来争取个人成就。这种观念，本身就是不民主的，因为在"我赢你输"的剧本中，总会有某个人的权利遭到践踏。

此外，考虑群体利益还可以帮助我们在各种领域上有更好的个人表现。密歇根大学人体运动学系的韦罗妮卡·孙和德博拉·费尔茨，两人的运动效能研究也证明了这一点。她们针对"自言自语"设计了一套巧妙的研究方法，这里所谓的"自言自语"，就是人们上场前用来激励自己的内心独白。

各类运动选手都会用这种方式帮自己打气，加上心灵作家路易丝·海等有心人士的努力，她的畅销书《创造生命的奇迹》已经教导过数百万人在许多生活领域中运用自我的"肯定语"来增强信心或提升效率。这种方法真的有效（关于这种现象已经有大量的研究资料，在《念力的秘密》一书中也有详细介绍），这是因为我们精明的大脑无法分辨行动与意念这两者的不同。

大部分关于自言自语和心智演练的研究，都将重点放在内心独白的激励话语，以便帮"我"建立个人信心。但韦罗妮卡和德博拉的做法不同，她们让受测者专注在以团队整体表现为诉求的自言自语上，看看会发生什么现象。她们将八十名受测者随机分成三组，进行射飞镖比赛。第一组采用强调个人能力与表现的自言自语；第二组采用强调团队能力与表现的内心对话；第三组是对照组，只是单纯地想着没有特殊诉求的念头。韦罗妮卡和德博拉计算结果时发现，专注于团队肯定语的那组人不管是个人信心或个人表现都是最好的。也就是说，采用团队导向的自言自语，团员会对团队展现出更强的信心，而且就个人而论也表现得比另外两组好。

这项研究不只对运动有重大意义，对于我们的生活也是如此，因为它证明了专注于团队合作会自然提升每一份子的能力。只要想着"我们"，就能帮助"我"做得更好。

然而，就算你相信本书的每句话，要改变你的信念体系可能还是很困难，原因很简单：你的内在早已设定好的是以个人主义和竞争为主的思考模式。不是把别人踩在脚下，就是别人把你踩在脚下；不听我的就滚蛋……这类的观念不断渗透进你的世界观，也潜藏在你跟他人的相处方式之中，它所施加的制约反应是你想都想不到的，更别说要揪出根源了。就算我们试图为人生定出新的规则，许多新规则还是会在不知不觉中与变相的"我赢你输"习惯性地连在一起。爱因斯坦说过，你要摆脱一个结构，却沿用构成那个结构的观念，那么，这种模式几乎是不可能改变的。

目前，我们的生活模式大抵如以下所述：

- 人生是一场零和博弈（你输，我才会赢）
- 我能从中获得什么？
- 我一定要赢、占上风或拔得头筹才能满足自我。
- 人不为己，天诛地灭，我顾好我自己就好。
- 我们是我们，他们是他们。
- 我追求第一，对社会的贡献最大。

人类要想富足，不管是在个人意义上或是在群体意义上，我们每个人都必须把我们目前被设定的不足感、匮乏、竞争与极端的个人主义，从我们的内心里删除。要做到这点，我们必须挑战根植在那些观念与成见之下的各种偏见与思考方式。

有个好方法可以帮你建立新的键结模式，那就是将经济学家亚当·斯密的"我们追求第一，对社会贡献最大"的原则，替换为纳什均衡，这个理论在第八章已讨论过。不管遇到什么情况，我们最好的面对方式是：不只为自己，也为群体的其他人做最好的选择。

下列为键结模式的几个主要原则：

- 只有当你我双赢的时候，我才算赢。
- 跟其他人同舟共济时我最能感到满足，不管付出什么代价。
- 我能为你做什么？

- 我们所有人同在一条船上，祸福与共。
- 我们联合他们。
- 我们为自己，同时也为群体的其他人寻求利益，对社会的贡献最大。

将纳什均衡的这些特点用在你跟其他人的关系之中，将会帮你克服"我赢你输"的内在设定，让你在日常生活与职场上都能成为一个思想改革的行动者。

四个练习提升你的键结意识

1. 全面关照，拓展你的视野
2. 改变我们跟其他人的关系
3. 扩展我们的共同体经验，学习为共同的目标携手努力
4. 透过日常的无私行为与合作，成为思想改革的行动者

这些简单的练习将会训练你从更全面的视角来看这个世界，享受更具合作精神的关系——甚至跨越鸿沟——培养更紧密的社群团体，在你的工作场所和社区借助合作与连结，成为具有感染力的精神实践家，并且利用群体的支持，成为当地与世界改革的一股动力。每天践行这些活动，你很快就能学会辨认你何时是依照孤立、恐惧、匮乏与竞争的旧模式在操作。这些练习将促使你拥抱更有包容性的生活方式。

你将会发现如何善用全体共同目标所激起的力量，来帮助有分歧或争执的一群人将个人差异搁在一边，转而一起合

作。这些方法能将众多的小团体变成一个超个体,并且迅速将社群里的一群陌生人变成一个效能良好的治疗圈。

在第十四章,我会提供如何将群体变成"键结圈"的方法,所谓的"键结圈"是指为工作场所或社区的改革共同努力的一群人,而这个方法对任何群体都适用。我所谓的"群体"是指除了你自己与你的核心家庭之外,任何一群聚集在一起的人,比如邻居、朋友、同事,或甚至涵盖范围更大的成员。我还会提供一些讨论要点、每周练习及团体挑战,最后一项将有助于重建如一盘散沙的社区。透过这样的方式,个别的团体就能充当亲善大使,为整个社区联系情感,并带来新气象。

一旦你开始做这些练习并形成你的"键结圈"之后,你将会体会到你有能力帮忙解决当前人类的种种问题。只要简单转换一下视野,并做这些个人集体的练习,我们每个人都能改变我们的文化并脱离危机,这于公于私都是有好处的。

1. 全面关照,拓展你的视野

这个章节主要是在帮你培养"灵性视觉",借此来改善你跟其他人的关系。这其中包含观察他人细节的能力,尤其是跟你迥异的人。经过一段时间之后,你将学会质疑你习以为常的成见,包容跟自己抵触的思想而不轻易论断他人,远离偏见,并免于陷入"我们是我们,他们是他们"的思考模式。此外,每天做这些练习,也会使你对人际关系之间的深层情绪波动更为敏感,并增进你的同理心。

全面关照的第一步很简单，就是学会注意更多现象。就如本书第九章所讨论的，科学证据显示，我们高度发展的前脑会阻碍我们获取资讯的能力。前脑看见事物（一个人、观念或行为）的一角，将它标上名称，然后在某种意义上填入概念性的细节以产生整体。研究显示，语言常常会引起"语文迷障"效应，压抑视觉感应或记忆。就跟动物一样，我们需要学习怎样成为认知的"分离者"，而不是"归并者"，还要对最微小的细节变得敏锐。要达到这个目标的最好方法，是开发你接收当下感官经验的能力，并培养语言之外的意识领域。不要只用大脑专司语言能力的部位，而是做一些需要用到其他大脑部位的事情，这样能让你注意到更多事物之间的联系。练习过这种"灵性"感知能力之后，不论任何场所你都能认知到一点，那就是——"真理"总是有多种版本。

Step1. 注意更多细节

在做这个练习和本章的其他练习时，你需要准备一本日志专门来记录练习内容，并用来追踪学习进度。

* 练习做非语言活动：拼图、听音乐或画画。

* 每天花十分钟观察一样东西：一栋建筑物、一棵树、一头动物、一颗水果——不要放过最微小的细节，一部分一部分观察而非整体。

* 以"拆开"方式审视东西：各个成分的气味、声音、外观、触感和味道。

*观察特殊之处:在任何情况下,想象你是个侦探,你必须将眼前的房间记在脑中。检视每个细节,包括环境、景物或家具的特点,如果在室内,就检视人或动物。记住,你的心会想要填入由经验得来的细节,你要抗拒这股欲望。注意特殊的物品——房间的一只花瓶、墙上的一幅画——观察它的每个环节,细细感受这些组成部分。

*用你的五官"聆听"某个情境的气味、味道,以及触感等,不要只注意视觉和听觉的讯息。

*在日常情境中练习:一天做4或5次这种感官训练,比方说在准备晚餐或刷牙时,停止思考事情,敞开你的五官来接受讯息。你目前身处的环境闻起来、尝起来与感觉起来是怎样,看起来、听起来又是怎样?就像在第九章曾说到的,每天多次练习这种"内观"的专注力,在几个星期内你将能注意到比以往更多的细节。

*观察你的伴侣和孩子、宠物、朋友和同事:在他们从事各种活动时,仔细观察他们,但不要对他们下负面或正面的评判。

*花时间研究你往返工作地点或学校途中的地标:从各个角度观察它们,注意它们之间的关系。部落原住民为了穿越复杂的地形与水域,培养出对周遭环境的敏锐洞察力,第九章提到的那些原住民即为一例。

*研究居住地的天气与水文(如果附近有水域的话):观察风向的细微变化,以及风吹在水上引起的不同波纹。

*观察鸟类与其他动物对天气的反应:如果他们看似有

不寻常的行为,注意你自己是否也有感觉到什么,像是头痛或其他身体症状。

Step2. 观察自己的思考方式

*把你的主要想法写在日志上:每天都要做,持续几个星期。

*留意你大多数时间在想什么:成为心灵记录者,承认它但不要下评判。

*维持中立,观察时不要带有成见:下雨不是坏天气,除非你觉得它是。

*接受一切发生的事:这意味着对于事情的意见和诠释都要放下,停止坚持某些看法、思想、立场与偏好,不要抱有排斥心理。接受你自己的感觉和经验,即便是不愉快的。

*每当你发觉自己在评判眼前现象时,心里要想着"我又在想东想西了",然后再次回到单纯观察的状态。

*当你对你所爱的人做负面评判时,要有所警觉,请随时将负面评判转化为正面的关爱念头或同情心。

*意识到你对敌人的感觉和对朋友的感觉:当你遇见不喜欢的人时,要警觉到你内心正在对那个人做负面评判。这时,你应该抽离这样的你,回到当下的相遇。

*一旦察觉到自己对任何事物持负面态度,请将心思转回到你曾经经历过的正面情况,或者直接停止思考并专注在呼吸上。

*开始看出模式:你在什么时候会产生最消极的念头,

是在工作中、与人往来时,或是跟某些人共处时?

*对于你爱的人或在日常生活中遇到的人,试着用他们的角度来看生活。

*你改变对其他人的看法后,你的生活有什么变化,请观察这些变化。

*当你开始检视你的想法并写在日志里时,看看你心里的中立想法或正面想法是否开始压倒负面想法。

*顺其自然,不要强求:尽量停止你对某些结果的期望或追求。

一开始,这种新的思考方式或许像要全盘分析你的每个行为,但采用一段时间之后,你将会习惯以这种更宽广的眼光来看待生活与你的行为。

Step3. 看到肉眼看不到的东西

要看到全貌,你要让自己变得更为敏锐,这包括感官的感觉能力,以及不是透过有意识的心智接收到的讯息。这意味着,你也要察觉五感之外的讯息,只要我们对自己的感觉变得敏锐并相信直觉,每个人都办得到。下列练习将会有所帮助:

*检查你在各种情况下的感觉。某种情境会让你心情特别好或特别糟?轻松或不安?是因为在场的某些人,还是这情境本身?为了弄清楚什么对你影响最大,请在心中把这个情境拆解开来,检查你对这个情境各个组成部分的感觉。每一次都问自己:某个人或某件事给我的感觉是什么?

*开发你对他人天生的感觉性。静下心来,学着倾听他人,感同身受。

*判读肢体语言。谈话时,注意别人在话语之外想要传达的意思,尤其是他们的姿态所透露的讯息。

*请再次观察你的伴侣、朋友、孩子和同事,但是这次不要透过言语,看你能接收到什么想法。

*留意直觉沟通。当你有预感或脑子里有个讯息突然冒出时,重视它并遵照它的指示。

*练习以直觉感应出答案。一个能增进你直觉的方法是猜牌,这个方法已被证明是有效的。将一副牌朝下盖着,每次猜牌时要将注意力集中在你要猜的那张牌上,说出第一个浮现脑中的牌。刚练习时,可以先选十张牌猜起,缩小你的选择范围。

*培养聆听的技巧,聆听你生活中的所有声音:卡车驶过的轰轰声、狗叫声、天空中飞机飞过的声音。

*画出你梦中的画面,尽量不要分析或猜想它们的"意义"。

Step4. 加强你的直觉

培养你的直觉可以说是一个学习过程。重视来自内心那个寂静、微弱的声音,它会告诉你"不要做那件事"或"去碰碰运气"。你可以练习下列项目来教导自己跟着直觉走:

*静下心来：我们总是匆匆忙忙，让理性认知来操控我们的方向，以至于通常没有时间倾听自己的内在声音。当你做决定时，在心中自己思量，等着看有什么灵感出现。

*注意"低路径"的反射性讯息：我们在第九章谈过，我们太常排除掉即时（而且通常是正确的）讯息，而我们分析的"高路径"大脑则是努力将这个习惯合理化。我们对某件事物或某人的第一直觉，通常都八九不离十。

*先透过你的感觉来接收讯息：在任何特定情形下，注意第一个在你脑中蹦出的影像（或声音、感觉）。英戈·斯旺是一位善于在普通视觉范围之外感知物体或事件的人，他告诉他的学生，直觉感应过程有几个阶段：首先，你察觉到简单的形体轮廓，过一段时间之后你能感知到更多细节。如果有必要的话，在你确定讯息是什么之前可以先将它画出来。然后再慢慢添补细节：过一会后，重画一遍你接收到的讯息，就算在心里画也好（这时候你应该已经接收到更多讯息了）。等待几秒之后，再画一遍。接下来，你甚至可以试着用黏土将它塑造成立体的。

*抗拒分析：当你得到关于某事的直觉感应时，不要企图弄清楚它的"意义"，要抗拒这样的想法。这种"认知覆盖"经常会扭曲真相。有一次我参加研讨会时，主讲者邀请在场所有人想办法观看被藏在礼物盒中的物品。我脑中第一个闪现的东西是"candy"，但我立刻排除这想法，认为它并不合理，因为我住在英国，英国人称糖果为"sweets"。接着我清楚地看见一个卵形的影像，而我当时佩戴了一个卵

形胸针,因此我分析性地下了结论:礼物盒中的物品一定是别针。事实上,我的直觉从头到尾都是对的,它摆脱"认知覆盖"的约束。谜底揭晓,盒里装着多颗卵形的巧克力。

*顺从你的直觉,不管直觉多么不合理:如果你强烈地感受到你或某人不应该做某件事,你就要听从这样的感觉。

*在日记里写下你对气候恶化可能产生的任何预感。

*到了下一年,把你的预感记录与真实的气候做对照,注意两者的相符之处。

Step5. 寻找新鲜事

理查德·戴维森是威斯康星大学的神经科学家,他主持的大脑研究证实大脑具有高度可塑性,脑部的各区域会随着它们被启动的频率而改变。举例来说,花大量时间专注于呼吸的人,能扩展大脑专职专注力的部位。

假如你勤加运用专门提升好奇心的大脑区域,将能活化与增强神经的"追索"回路,就如潘克塞普所阐明的,我在第九章有介绍过这位任教于博林格林州立大学的心理学家。这套方法将帮助你对周遭环境的细节保持敏锐,也会增强你的直觉能力。

以下是扩展你天生好奇心(及大脑相关部位)的方法:

*经常从事"搜奇猎异"。去跳蚤市场、二手特卖会、拍卖会和展销会,在这些场合,购物活动会刺激你到处"窥探"。

*单纯为了好玩而去解决疑难问题。填字游戏、拼图、

数独和类似的游戏，都会用到大脑专职解决疑难的部位。

＊阅读侦探小说或惊悚小说，或观赏同类电影。惊悚小说（电影）可能比其他任何的故事形式更着重在"接下来会发生什么事"或谁是始作俑者。

＊跟上最新资讯。好奇心基本上是对各种新奇事物着迷，甚至是老故事的新版本，针对的未必是全新的剧情或资讯。请持续追踪政治与文化的最新局势。

＊避免墨守成规。研究新课题，参加新课程，尝试新食谱，观赏新表演，改走新路线上班，跟新朋友一起吃饭，或替你家的客厅换上新窗帘。

＊调查你所住城镇的新区域。注意细节，积极探索相关历史、建筑物、居民和产业。

＊寻找答案。给自己设下一个新的知识性问题，找出它的答案。

＊追根究底。如果你对某件事物感到好奇，不要轻视或忽视它，要去追查相关资讯或更深入寻找答案。

＊学会倾听。发自内心地对同事和朋友感到好奇，问问他们生活上不涉及隐私的相关问题，用心听他们的回答。

＊关于问题，你要抱持好奇心。针对生命的意义与其他哲学议题，进行科学性或哲学性的深入探索。

＊为好预兆欢欣鼓舞。如果有某件好事发生，回想你在它发生之前是多么兴奋。梳理清楚你当时是什么感觉，以及你对什么最感到兴奋。当那种感觉又浮现时，你要有这种自觉。在这些时刻，你的"天线"最敏锐，对周遭事物的意识

最清晰。

*注意自己什么时候警觉性最高。学会辨认警觉心顿起的时刻。这种感觉怎样?确认你的不祥预感是否真如所料?当那种感觉又袭来时,用心倾听。

Step6. 看穿全部真相

你已经练习过如何在生活中注意更多细节,现在你可以开始将这些新技巧运用于对其他人的认知上,尤其是那些与你不同的人。当你跟他人交往时,你要做的事,恰恰与你在批判思考或辩论课上学到的东西相反。听别人说话时,要把注意力放在正面、可信且有理的部分,而不是他们论点的缺陷上。寻找你们的共通点。

*对于"我们是我们,他们是他们"的想法、语言和行为,要保持警觉心。当你开始概括而论某个种族或族群时——不管是共和党或者是银行家——你已将一个群体界定为"他们"。将这种词汇从你的字典里删掉吧。

*尊重不同的看法,你我对世界的认知没有对错之分。

*你自以为自己与他人之间有歧义,请质疑这样的想法。这包括你不知不觉中对不认识的邻居、不同种族或宗教的朋友,以及对其他国家和人民,所产生的成见。

*区分出信念的层次。拥有相同观点的人都持有同样的立场,这是一种刻板印象。我在第九章介绍过贝克的论点,他说表面上观点一致的人之间仍存在着信念的细微差别,而

不属于某个信念系统的人,大都很难正确评价某个既定立场下的信念。举例来说,支持妇女有堕胎权利的人彼此之间存在着许多不同的看法,有些人认为堕胎不管在什么情况下都是正当的,另一些人认为堕胎只有在被强奸情况下才是正当的,在这两种看法之间还可以继续细分下去。试着在各种信念或行业中辨认出这些细微差异,这样你才不会错失找到共通点的机会。

* 将每个局内人视为潜在的合作伙伴,并与他们打好关系。

* 在任何一个敌对的立场中找出核心真理,而不是聚焦于你跟别人有不同观点。

* 在心里跟某人互换角色。从跟你对立的立场来设想某个议题,并尽力提出支持那个立场的有力论点,越多越好。这能帮你以更宽广的视野来看问题。同样的,试着想象别人如何看待你的想法。你觉得他们看到的是什么?

* 不要怕跟别人意见不同。剖析你跟别人有何共通的价值观,并寻找创造性的解决方案。

* 试试看帮那些与你意见不同的人做正面评述。与其抱怨,不如换个想法。

* 弄清楚自己的感觉,然后回头思考你认为别人是什么感觉。

* 懂得变通,如果你固守的立场不再合时宜,就放弃它吧。

实际练习:创造你自己的关系网

仔细观察你所属的任何团体(包括职场)里的各种人。

选一个有争议的题目,例如堕胎、枪支管制、税制,或者是有关家庭、工作的一个议题。将跟这个主题有关的所有不同意见和观点,画成一幅心智图,接着找出这些立场之间的关联。看看这些不同的立场之间,有什么共同的关注点或价值观?在价值观相通的立场之间画一条线连接。注意你的心智圆,如何形成一个交错连接的整体。

2. 改变我们跟其他人的关系

现在大部分的关系是以这种错误的观念构成:同类才能处得来,我们之间的差异必须尽可能消除。事实上,对人类经验来说,冲突意味着敌对,因而当别人跟我们意见不合时,我们就会判定他们是愚蠢或没有知识的。为了捍卫立场,我们觉得有必要辩倒他们,并对世人宣布他们的无知。在我们的想法中,冲突的结果只能以"不是你赢,就是我输"来收场。

不论跟谁往来,要让关系变得更健全的诀窍,就是单纯化彼此之间的关系,同时要将注意力放在"中间地带"——将关系接合在一起的黏着剂——特别是在两方彼此不合的情况下。建议你将冲突或差异视为共同创造新局面的契机,假使双方看法一致,你们永远也遇不到这样的机会。同时,这也是个塑造新关系的机会。

一旦你将自己视为更大整体的一部分,你将会开始以不同的态度对待其他人。只需简单改变一下观点,把自己当成建立连结的媒介,你会轻松发现始终都存在的键结,并在更大的连结经验中拥抱差异。

接下来的练习,我们要一起来探索建立关系的技巧,这些技巧能帮你跟任何人建立深刻的情谊,甚至是一个与你处处不合的人,并且让你以充满创意的方式来应付冲突,进而缔结更多的共识与可能性。你也将会学到如何透过诚意与真心话让关系更亲近,而不是据理力争。在这种深入交流的过程中,共同体的引力往往能建立信任,并解开既定立场的执着。

Step1. 改变你对人际关系的看法

第一步是要改变你对何谓人际关系的看法,并立下几个新的交往规则:

* 把自己视为你和其他人(不管跟你的差别有多大)之间连结的媒介,并把这当成你的目标,而不是以满足自我为目的,就像是要证明自己是对的或可以从其他人那里获得好处。走出你的舒适圈,有意识地跟不同的人建立关系。

* 敞开心胸,去发现其他人最可贵的优点,并凭着第一印象去信任对方。

* 积极倾听——用你的心、脑与灵魂倾听。在听对方说话之外,也要留意其他地方:他如何描述事物,他强调什么,他在哪方面投入最多精力,他的肢体语言如何以及他看起来心情如何等等。

* 当你在评判某人时,你要有所自觉:碰到这种情况时,请检视自己的情绪。

＊谁跟你对立最严重，用最大的心力跟那个人创造新关系。

＊发现你跟其他人之间的隐形连结，包括信仰、国籍、性别，以及居住地或国家的共同利益。就算共和党和民主党这两个不同党派，也有不少相同的关注点，比如家庭、孩子和国家；所有人都希望整顿好经济、交通、政府、高油价和教育体系。想办法让大家一起努力，可以带给我们一个使集体大目标团结起来的机会，到那时表面上的歧义也就不那么重要了。

＊将那些持相反意见的人视为"我们"，"我们"是一群企图以"第三条路"共同解决问题的人。

＊当你跟他人互动时，要诚实地分享看法并表露你自己最深层的一面，不要敷衍了事。鼓励其他人也这么做。

＊当你跟另一个人做深入交流时，会对人性产生不同的感受，请观察这种现象是怎么产生的。

＊允许不同的现实共存，且不加以干涉——同样的，不要做价值判断。

＊以富有创意的方式协调不同意见，求得更大的可能性。

＊出现歧义时，请试着转化你们的"中间地带"。改变你的节奏、态度或脸部表情，借此改变你们双方之间的能量。用你们的肢体语言和言语以外的沟通方式，来传递你想要连结的渴望。

Step2. 学习慈悲观想

要跨越分隔的界线，最重要的方法是练习我们在第十章讨论过的慈悲观想,借此拓展我们的无私大爱。

每天练习去想:"我感谢所有的慈悲与博爱,希望所有人平安,远离苦难。"先以你最亲密的家人或亲戚为对象,然后是你的朋友,然后是你认识的人,最后是你的敌人。只要持续几个星期每天做这个冥想,就能增进你心中对全人类的慈悲心。

Step3. 运用"我们"的肯定语

许多人现在已经了解我们大部分时间的所思所想,曾构成了我们的现实,我们也曾用正面的自言自语作为自己的定心丸,比如"今天一定会是积极的一天,所有好事都会向我涌来,每件该发生的事情都会发生。"

试着为你亲近的团体发出类似的心念,而不要只是为了你自己。假如你想要实现跟工作表现有关的肯定语,不要以"我"为重心,而是要想着跟你一起工作的团体,并放声说出或在心里默念:"我们今天都会有好表现。"假如你先前是为了自己健康而使用肯定语,现在要换成是为了全家人的健康,对自己说:"我的家人会一直健健康康的。"想着"我们",会帮助"我"做得更好。

以下是其他几个常用的肯定语,以及将这些肯定语改成"我们"的例子。

我能得到一切需要的东西→我们能得到一切需要的东西

我是受到呵护与关爱的→我们是受到呵护与关爱的

情况越来越好→我们社区／我们所有人／我们的工作小组／我们公司的情况越来越好

我的目标明确→我们的目标明确

我一定会成功→我们一定会成功

我身体健康，精力充沛→我们身体健康，精力充沛

我相信宇宙心智会给我答案→我们相信宇宙心智会给我们答案

在你的日志里，一一列出你对未来的想法，并在每一项下面写下一个新的正面版本，说明你希望得到什么结果。然后再重复写一次你想要的结果，但这次要纳入所有相关的人，比如家人、朋友、社区、工作伙伴。

Step4. 培养心连心的对话技巧

＊努力去深入理解，回想你认为你听到了什么。

＊专注于观察，而非自己的感觉或意见。

＊透过提问来证明你确实理解了，而不是证明你有多懂，并使用支持性的语言来鼓励对方。与其说："你要怎么处理某事？"这听起来有责备之意（好像他们还做得不够），不如说："你希望怎么处理某事？"

＊绝对不要用质问的方式。

＊表达你对某事的感觉。发自肺腑地表达心声，务必要避免批评对方或评价对方。忠于你的感受而不是你的判断

(比如："当你做这件事时，让我感到……")。

* 恳切表达出你的需求。

* 什么事情发生最能满足你的需求，传达你对此事的愿望。

* 谈话时，当对方跟你表达出同样的意思时，你要用心倾听。

克服对话分歧的十个诀窍

创造一个安全的环境，跟对方（可能不止一位）议定可以轻松讨论的主题和轻松对谈的条件。然后设下基本规则来履行这些条件。

1. 提出任何一个议题时，从一开始就要征求他人同意。

2. 倾听对方是为了加深理解，而不是为了同意或不同意他的观点。不要争论对错，也不要说服对方承认你的"正确性"，更不要尝试改变他们的观点。

3. 全程都要专心。不要让你的心思飘到其他地方，也不要在对方说话时就开始想着你要怎么回应。

4. 找出并了解对方的核心价值与关心的事物，比如基本愿望、需求、价值观、忧虑、动机、恐惧与理想。找到彼此的共同利益。

5. 不要把对方为满足核心利益所提出的解决办法，跟他们本身的利益混为一谈。

6. 说出你的想法、观念或信念并解释其中缘由，深入的交流能带来更深的了解与关系。

7. 回应前先缓和下来。

8. 发生分歧时，要更用心地倾听。你常常会发现问题就出在你认知上的漏洞，你没能了解到对方人生中某些事件导致了他现在的立场。

9. 一起进行富有创意的脑力激荡，想出解决问题的所有可能方法。想象一个正面的结局。

10. 一起拟出一个协议，越能同时满足双方的利益越好。

3. 扩展共同体经验，学习为共同目标携手努力

现在，你可以将键结的法则应用在工作场合与社区里了。从这些练习和接下来的活动中，你将会看到一种集体（超然）目标的力量，这股力量能扭转社区或办公室的气氛，从"我对抗他们"变成"我们大家携手同心"。如同我在本书第十一章探讨的，科学证据显示，就像脑神经元一样，一起启动发射的人会连结在一起，只要一群人一起为共同目标努力，他们每个人的大脑就会开始调整到相同的波长，加强团体内的键结。透过一个超然目标来聚合一个小群体，可以带来超越金钱、职业及地位的社会凝聚力。一个更大的共同目标，能在任何社会环境中立刻产生亲近感，对于维持工作单位或社区的合作也是个绝佳的方法。

此外，许多研究冲突解决的专家也观察到，为共同目标努力能帮助在其他议题上对立的双方团结一致。举例来说，"寻找共识"计划鼓动马其顿斯拉夫人和阿尔巴尼亚人一起合作清理当地环境，成功连结了这两个不共戴天的仇敌。

沟通是对话，不是辩论

最好的起点是制定群体沟通的新方式。不同于讨论，在对话里，团体以一种非系统性的方式来探究情感与想法，以创造更大的理解、更深的关系与新的共同思考。

当我们一起讨论某些对我们最重要的议题时，我们经常根据自己的想法发言，结果往往会跟不同的人产生不合。对话是一种能缓和谈话过程的沟通方式，它能让你的偏见现形，并揭开一种新的可能性。

当你跟一组人一起工作，特别是跟意见不合的人讨论任何关于要改变的事情时，请依循以下的做法。

Step1 掌握对话的法则

如果你是跟两位以上的人会谈，在开始之前，先将椅子排成一圈。选一个人作为协调者常常会有帮助，他可以提醒与会者——他们大都受过辩论技巧与抢分争胜的训练——哪种谈话方式有助于维持建设性的对话。协调者应该要对可能发生的争吵、中伤、带有偏见的举止、不公正或沟通过程的分裂保持警觉，同时也应该控制时间，确保谈话不偏离主题。

・透过分享彼此的目的与参与的理由来建立互信。
・对话要建立在一连串的问题上，而不是辩论或讨论的主题。请事先拟好问题。

・以一个问题作为切入点,让每个人都有回答的机会。

・深入交流,但切勿辩论。沟通的目的并非要做出决定或辩出胜负,而是探讨与分享。

・不要自说自话,每个人都应该有发言时间上限,并在这个时间段内提出自己的看法。

・注意自己的情绪反应,尤其是对于跟你意见相左的人。深刻反省,这种情绪透露了你本身的哪种看法或偏见?

・真心诚意地说明什么对你是真正重要的,不管是你的社区还是你的国家。

・要全神贯注,用你的心与脑倾听。

・不要评判别人,不管那人的世界观或行为跟你是多么不同。只要描述那个行为或观点,以及你对它的反应就好,比如:"当她做某某事时,我会觉得……"只谈你的所思所感,而不是你对对方想法和感觉的假设。

・在沟通过程中,要消除你对他人的误解与刻板印象。

・避免一概而论(比如说"永远"或"绝不"等用语),只针对事实来谈:在某个情况下发生了什么事。

・从个人角度出发,述说你过去的经验。这样做,有助于呈现你个人观点的脉络。一律以第一人称发言,而非捍卫某个特定的立场。就如美国马萨诸塞州剑桥市妇女所发现的(见第十章),述说我们个人的故事能让议题更容易被我们所接受,并有助于建立关系。请描述你人生的转折点、你崇拜的对象、榜样、父母或地位如父母的长辈。说出你最大的梦想是什么。

・问不涉及争议的开放性问题，以了解跟你观点不同的人。这有助于建立互信。

・回想你原本以为对方会说的话。

・用中性语言表述涉及争议的问题，不要隐含评判。不要问："你的医疗卫生政策有考虑到未纳入保健的几百万名美国孩童吗？"而是换成这个说法："对于未纳入保健的孩子们，你觉得应该怎么照顾到他们？"

・在谈话中寻找共同的利益、情感、价值观或经验。请协调者指出这些共同点。随着这个过程的进展，你将会惊讶地发现你的核心价值与关注点，跟你所认为的敌对者是差不多的。

Step2. 十三个点子，用来维系群体的超然目标

使用或转化以下这些点子来让你的团体、社区或社群变成一个共有的储蓄银行，它们能消除个人忧虑、改善社区的各个层面，并在这个过程中联络感情。

1. 园艺造景队：社区成员一起帮忙布置某个邻居的院子，每家轮流。
2. 建造农舍小组：一起为某个邻居建造篱笆、围墙、书架或地基等。
3. 在公共区域一起种植植物。
4. 在艰苦时期共患难，把食物或其他形式的支持带给失业或无家可归的当地人。

5. 将你的邻居组织成一个抗议团体，反对会给社区带来负面影响的提案。

6. 建立一支社区巡守队以减少犯罪，尽可能让同个街区的每个人轮流值守。

7. 发起废弃物清理、改善公园、改善医疗服务、减少虐童事件等社区运动。

8. 轮流到公园、医院、养老院和收容所担任志愿者。

9. 成立社区"储蓄银行"（见第十一章）：召集12个人设立社区储金和贷款，如同冲绳的模合互助会形式。每人每月提供一笔固定的金额，支付固定的利息，并轮流保管每个月的款项。这个方法也可以用食物、春节大扫除、园艺、种植蔬菜、阁楼大扫除或其他类似方案来代替，不然也可以通过交换劳务或产品来取代金钱。

10. 煮东西或甜点时多做一点，让左邻右舍分享。

11. 支援当地学校，轮流教导学生各种技艺。

12. 轮流替邻居遛狗或载社区儿童去上学。

13. 在当地合伙创立社区的健康中心、公共事业，或任何其他由社区经营的设施或服务。在社区发起节省能源与资源回收的环保计划。

4. 透过日常的无私行为，成为思想改革的行动者

许多人害怕我们目前面对的许多危机，并为我们领导者对这些危机的束手无策感到失望。当生活中各种层面的问题如排山倒海般扑向我们时，你是否会觉得无能为力？

这样的恐惧源自于一种错误的观念，就是：我们所面对的危机只能由上往下解决。然而，我希望这本书已经说服你们，必要的改变——也就是能确实解决我们个人生活、社会，甚至国家大部分问题的改变——不只是政策的改变、新法律或某种更严格的管制，同时也是一场根本的心灵改革。

这样的改变必须由下往上——从一般人的改变开始做起，最终在社区或工作场合中带动起革新的风气。这场变革要从你我开始做起，从我们处事的基本态度开始着手。

我们每个人都可以成为一个"精神公民"，并将我们的生活目的从"独善其身"转变为"兼济天下"，这是可能实现的。日常生活中简单的无私行为，就能使你成为一个改革的动力源，一劳永逸地改变你周围贪婪和物质主义的风气，创造信任，并传播合作行为的感染力。

Step1. 发挥正面的影响力

我在第十章曾说明，你的想法和情绪具有高度的传染力，甚至你的人生态度也会对周围的人产生深刻的影响，影响所及不只是他们的情绪，还有他们的身体和行动能力。争吵或小冲突会深深地打击我们的免疫系统、自然杀手细胞的数量、肾上腺皮质醇的分泌速度，甚至下视丘——脑下垂体——肾上腺纵轴的功能，而这些全是身体抗病机能的调节者。

要成为一个思想改革的行动者，你必须先对身边的人产生正面的影响。在你的日志里开一个"人际关系日记"，用以追踪你对伴侣、父母、孩子、朋友与同事的影响，并且要更留意你的情绪感染力。写下你跟其他人互动的详细情形,以便检验你的行为有多大的感染力,促使你成为一个善良的人。

* 时常参与能促进正面影响力的活动。研究显示,我们参加越多能引发正向思考的活动,生活就会变得越正面。如果你对你的家庭或工作现状深感不满,就全力地去进行改变。

* "激活"你的大脑,使它正面看待你跟你周围世界的关系。神经科学家现在已了解到,大脑会顺着我们的思考自我塑形,一个没受到开导的忧郁患者会抗拒改变,因为忧郁和负面思考已经深植在他的大脑里了。

* 检查你所有行动的整体后果。你的想法和行动会影响到谁或什么事物?你的行动或想法引起的涟漪效应是什么?有人受到伤害吗?这些作为对谁帮助最大?从整体来看待你所有的思想或行动——它们如何影响世界?

* 想想你心情不好时,可能会影响到谁。请留意这件事:你的愤怒或忧伤会影响你身边的每件事物。开始思考在你所处的环境里,你怎么谈论人事物。

* 详细记录下情绪高低起伏的时间,并注意不同情绪对你的伴侣、朋友、孩子或同事产生了什么效应,包括他们的健康、情绪状态及待人处世的方式。

* 注意任何有趣的关系。当你为某件事生气时,你的伴侣、朋友、孩子或同事是否变得比平常更笨拙,无法应付平常的简单工作?同时也注意你的好心情如何影响他们,他们是否变得更快乐,或在为人做事方面变得更能发挥影响力?

＊监测你的行动。当你做出负面的肢体语言时，注意它对你所爱的人或伙伴所造成的任何影响，包括身体、心灵或情绪。

＊找出你的正面与负面表情的相关性。当你微笑时，伴侣、朋友、孩子或同事发生了什么事？你皱眉头时又有什么影响？

＊检查你在人际关系受到伤害时的情绪状态，不管那个伤害多么小。你或你的伴侣、朋友、孩子或同事恢复得快或慢？记下你对疗伤速度的观察。

＊练习跟你爱的人互换角色。想象你变成你的伴侣或配偶、父母、孩子、同事，那会是什么感觉。设身处地，透过他们的眼睛，怀抱着他们的心愿、恐惧与梦想来看世界，体会那是什么感觉。设想你会怎么反应。

＊当你认识的某个人正在受苦，想象如果你身处他的处境并面临他眼前的危机会是什么感觉。试着感同身受，用同理心来体会他的痛苦。问问自己，万一你遭受到同样的苦难，你会有什么感觉，最想要如何疗伤。

＊问问你所爱的人，他们对你的好情绪或坏情绪有何看法与感受。

Step2. 思想行动家的十个作为

1. 为你讨厌的邻居做一件事，比如帮他倒垃圾、割草或照顾小孩。

2. 写"每日好消息"日志，通过电子邮件将它发送给你办公室的每个人。

3. 烤一炉"本周甜点",每周一带去工作场所与大家分享。

4. 避免依靠装潢炫富。一项新研究显示,任何社区里最有钱的人往往最不信任自己的邻居,这会导致他的健康状况变差。如果拥有最豪华的住宅只会引起邻里的反感且会令你生病,那何苦来哉?

5. 每天给一位邻居或同事一个赞美。

6. 工作绩效好时,要记得跟老板说是你们整体团队的功劳,而不要往自己脸上贴金。建议把绩效奖励发给全组的人。

7. 当你想要描述自己的孩子表现如何优异时,千万不要拿别人的孩子当对照组。避免做任何比较,尤其是对孩子。

8. 定期邀请邻居到家里做客,特别是新搬来或背景不同的邻居。

9. 把爱传出去,找机会为别人付停车费、过路费、汉堡钱、饮料钱、电影票——任何你想得到的东西。

10. 今天就去拥抱一个与你意见不同的人。

不仅生而平等,也要社会正义

在家里和工作场所采用公平做法,之所以能快速团结众人并建立信任,主要原因是人们对于公平的看法大致相同。在最近的一项研究中,哈佛商学院的研究者请共和党员和民主党员构思财富分配最理想的社会,结果显示,双方所设想的公正社会愿景很相似。双方所描绘的蓝图,不同于美国、加拿大或英国的现行制度，反而最接近实行社会主义的瑞典，瑞典的贫富差距远远小于上述国家。

由此可见，虽然我们或许在许多方面的立场是对立的，但不管是富人或穷人，民主党员或共和党员，对于公平的大致看法是相同的。

遵循下列十个简单的公平原则，你就能在生活中、工作场所和你的国家重新建立公平性；你也可以在键结网站（www.thebond.net）找到这份资料，网站提供免费下载，请尽量传送给你的每个朋友。

十项公平原则

1. 请把这个金科玉律奉为你每日待人处事的准则：你希望别人怎么对你，你就要怎么对别人。当你行事公平时，其他人就会善意地回应你。

2. 不要吝于公开表明你对品德、诚实、信任与互惠的支持。以你的行动而不只是言论，来实际表明你对公平的渴望。

3. 尽可能采用将整个群体纳入考量的解决途径，不管是在家里、职场中或是社区里。

4. 选择既对你有利也对你所属团体有利的解决办法，不管是在家里、职场中或是社区与社群里。

5. 当你跟某人意见不合时，要尽可能地找出合作机会，而不是采用竞争或对抗的手段。

6. 支持重视透明性和公平消费甚于获利的企业、组织和政策，拒绝支持任何涉及企业舞弊或故意伤害其竞争者的公司或政策。

7. 支持所作所为不会对其他人或事造成不公的组织或机构。同样的，支持提供平等机会给各族群公民的法律和政策。

8. 拒绝参与损害到他人的活动，并停止赞助明显不公平或鼓动取得不当利益的做法，不管是在家里还是在你的社区或社群里。

9. 鼓励公平竞争和团队合作，而非不择手段地求胜，不管遇到什么情况，都要把这个道理教给你的孩子们。鼓励他们选择同时利于自己也利于周围人群的言论和行动——就算那些人不是他们的朋友。

10. 即便人生有时看起来不公平，你也没必要做不公平的人。每天将你的所作所为列成一张公平检验表，戒除其中不公平或不正当的竞争行为。

唇齿相依，职场上的键结关系

现在企业界正开始认识到它与这个世界是相互依存的：它依赖着哪些人，以及它的作为对谁会造成影响。想法最进步的企业，将一般在商言商的议题（比如产品开发和研发），视为"价值创造"——既是全球问题的解决途径，也能创造企业财富。这类企业还会反省自己的社会责任：他们在产的东西或所做的事会伤害哪些人或帮助哪些人。检验你的公司引起的涟漪效应，你便能确认自己的企业是否有负起"全球管事"的责任，这一举动不只赚取利益，也促进世界团结。

＊认真审视你的公司的使命和产品。它影响了哪些人，影响了多少人？那些人受到的影响是好是坏？

＊制作一份可总览你公司所有行为的流程图，从研发和原料的取得，到产品的生产、运送和销售。注意哪些人事物受到影响，你们正在帮助谁？正在伤害谁？

＊你工作的长期愿景是什么？你的价值观是什么？你公司的愿景和价值观跟你的相符吗？如果不相符，那就考虑转变这家公司的重心，如果你对此无能为力，那就另谋高就吧。

＊问问自己，你的公司能做什么事来促进世界团结。如果这家公司的产品无法为地球带来帮助，那么它如何改变重心来做到这一点？比方说，假设你的公司是专门处理公共关系的，何不试着将重心放在那些试图为世界做出正面贡献的客户上？

＊你能采取什么做法来改善当前的情况，停止伤害？

＊如果你公司的运营正在引起伤害与分裂，你要如何改变公司的使命以增进世界团结？

＊你们能跟哪些公司建立关系，一起讨论与世界连结的方法，并增进全球的生活品质？

＊如果你们的产品是在国外制造，你们要怎样依据公平原则来雇佣当地居民投入生产？

＊弥补你们已经对地球造成的伤害。如果你的公司已经做出损害环境的事，可以采取什么补偿方案？有没有方法可以重建你们已经破坏的环境？

＊关注公司产品实际的安全问题（不是新闻稿的那种官方说法），尽可能地保持客观，不要盲从企业规范。假如你

的公司在第三世界进行药物测试，那么离开吧。

* 降低公司产品的健康与安全风险，对公司生产所用的科技及操作程序进行健康影响评估。有哪些应变计划可以应付突发状况？

* 诚实对待大众和你们的消费者，假如你的公司已经生产了对人们或环境有危害的产品，你们有没有及时将真实情形告知大众？住在你们工厂附近的人会受到影响吗？你们的工业排放物是否正破坏他们的环境？大多数公司都会试图以"控制损害程度"来处理这类问题，认为万一这样的过失外泄，公司就会一败涂地。其实不然，当麦克奈尔药厂因为六瓶出问题的止痛药而回收市面上多达 3100 百万瓶产品时，其商誉马上就提升了不少。

懂得分享，你才有成长空间

大多数组织都会隐藏他们的运营方式。在西方世界，几乎每家企业的管理层都认为，要想在企业竞争中保持领先，必须把一切未来的商业计划、创新发明和客户群藏在保险箱里。然而，许多获利最高的公司逐渐认识到，当我们在自己的企业里采用纳什均衡，并以同样的方式对待我们的竞争者时，所有相关的人都会受益，获得更好的成果。这里提供几个值得一试的点子：

* 定期跟你团队的所有成员开会，经常提醒彼此不要忘了公司的服务使命、长期愿景和价值观。

＊一起努力实现企业的超然目标。如本书第十一章所述，一起为共同目标努力能促进人与人之间的关系。

＊追随"b"（benefit）企业的领导，这类公司的企业价值是以能为全人类带来利益为标准，而不只是获利。

＊为全体员工制定奖励办法，而不只是奖励个人。假如有创新点子创造出更高利润，不妨考虑把奖金发给整个团队。

＊研究你的公司可以用什么方式与其他公司成为企业伙伴。

＊与竞争者坐下来谈，找出他们需要什么来促进运营，想想你们公司有什么特点能满足这一点，也反过来想想他们有什么特点能满足你们要达到的目的。双方能一起做什么事，来加强彼此的运营？

＊让自己习惯于去思考竞争者的需求。当你尝试解决他的问题时，常常也能同时创造一个让你获益的机会。

＊交换客户名单，这是增进业绩最好且最快速的方法之一。轮流寄送资讯给彼此的客户，你们双方业绩的增长速度将会快得令你吃惊。

＊在彼此的网站上设置链接或广告，互相提供一小部分的新商机。

＊设法创造跟相关产业公司一起合作的机会。相聚共商，一起脑力激荡。

＊捐出部分盈余做公益，可以借此向世人及员工，发出一个强有力的讯息：公司不只是为了赚钱。

＊建议公司拨出几个上班日集体做善事，选一个对你公司别具意义的慈善工作，让每个人定期参与协助，比如到救

济厨房服务，或圣诞节时去探访养老院、唱圣诞歌。安排一个企业活动日，让公司每位成员都能为人类家园贡献自己的心力，或是拟定一份帮助弱势青少年做功课的轮值表。记住，你的时间就是你最宝贵的资源。

＊衷心相信键结的力量。

本章摘要

思想革命,从"我"改成"我们"做起

将纳什均衡的这些特点用在你跟其他人的关系之中,将会帮你克服"我赢你输"的内在设定,让你在日常生活与职场上都能成为一个思想改革的行动者。

四个练习提升你的键结意识

1. 全面关照,拓展你的视野:
- 注意更多细节
- 观察自己的思考方式
- 看到肉眼看不到的东西
- 加强你的直觉
- 寻找新鲜事
- 看穿全部真相

2. 改变我们跟其他人的关系:
- 改变你对人际关系的看法
- 学习慈悲观想
- 运用"我们"的肯定语
- 培养心连心的对话技巧

3. 扩展我们的共同体经验，学习为共同的目标携手努力
- 掌握对话的法则
- 十三个点子，用来维系群体的超然目标

4. 透过日常的无私行为与合作，成为思想改革的行动者
- 发挥正面的影响力
- 思想行动家的十个作为

第十四章　如何建立你的键结圈

键结将我们所有人连结起来，加强我们跟其他个体的关系。在本章中，你会学到各种必要的键结诀窍，使个别的团体成为强有力的心灵改革媒介。

这份学习指南是以最根本的键结为重点——键结将我们所有人连结起来——并可作为一种方法，用来加强我们跟其他个体的关系。这份指南的目的，是让你学会各种必要的诀窍，使个别团体成为强有力的改革媒介，增进当地与全球的团结。

建立键结圈的方法

开始

1. 请所有成员拿到这本书。

2. 从键结网站（www.thebond.net）下载"公平运动"（The Fairness Campaign）和"十项公平原则"（The 10 Fairness Principles）。

3. 在重要地点张贴启事及联名单，比如新思想教会、精神生活中心、瑜伽团体、全食主义商店和其他类似的机构，内容载明你想要发起一个团体来促进你的社区及世界其他社区的团结。说明这个团体的目的，是要讨论如何增进当地与全球的社群关系，学习以一个更富合作精神的方式来生活。然后附上电子信箱，请有意参加者通过电子邮件联络。如果你是召集人，千万不要透露你家的地址或电话，除非你们已经很熟悉彼此。你也可以将讯息发布在键结网站（www.thebond.net）或念力实验社群（www.theintentionexperiment.com），表明你想要在你的居住地组织这样一个团体。

4. 控制人数，以便管理。在《引爆趋势》这本书里，作者马尔科姆·格拉德韦尔提出证据证明人类有一个固有的特性，即人类团体的运作在150人以下是最理想的。如果你的团体超过这个人数，就将它分成几个小团体。

5. 挑一个公共场所作为你们一开始的聚会地点，直到你们真正认识了其他成员后再换地点。几个可能的选择是：租金便宜的礼堂（每个人可以出点钱）、当地的咖啡馆、社区或教会活动中心，甚至也可以考虑不贵但安静的餐厅。

6. 如果家务不会让你分身乏术的话，尽量安排每周聚会一次。拟好时间表，方便大家在日历上记下日期，并鼓励他们定期参加。

7. 根据"每周学习指南"，建立一份架构明确的议程表，让大家先知道要讨论的题目是什么，参加时便能贡献自己的想法。请参阅下文的每周学习指南，以此准备议题和练习。

8. 与其他团体进行交流，可透过键结网站与其他的键结圈交流，你会惊讶地发现，原来你这么快就能跟志同道合的人发展成一个遍及全球的虚拟社群。

团体目标

• 从你社区团结的宗旨着手——建立一个所有成员一起为积极目标努力的社团。一旦你们真正了解到你们所有人是一体的，你们所做的决定必然会以全体利益为准，而不只是迎合带头的人或你们喜欢的人或想法跟你们一致的人。

• 在做每个决定时，要考量它对你们的社区或环境的整体冲击。比如说，这个社区新计划是否能让社区里的每个人都受益？你们从事的工作会改善或损害你们的社区吗？你们会教导孩子要懂得回馈，或任由他们予取予求吗？

• 制作一份清单，详细列出团体的资源和需求。你们这个团体有哪些才能或资源可以提供给社区？你们的社区有哪些确切的需求？你们能否判断哪种才能和资源最有用？哪种才能或资源可以跟其他成员互通有无，以取代金钱？

• 邀请其他团体——医生、当地警员、教育界人士来访问你们的团体，一起探讨如何加强键结的方法。

• 每周拨出团体的部分时间从事改善社区的工作，比如到学校做志愿者，或参观设于你们社区内的公司，看看这些机构如何落实或采用你们的想法。

• 审视你自己真正的需求，让团体成员一起做。问问自己，你真正需要的是多少？多少电子产品？多少部新车？你还可以用你的钱做什么事？

• 全体成员宣誓杜绝个人炫富行为。以罗塞托长寿村为榜样，这里是美国心脏病发作率最低的地方之一，居民有高度的凝聚力，炫富是会受到谴责的，因此当地居民的忌妒心降到了最小。虽然富人和穷人比邻而居，但富人不会炫耀自己多有钱。罗塞托长寿村充满了鲜明的同心同德的气氛。

• 宣誓避免跟同社区的人竞争，除非是在运动场或保龄球道上。某人赚的钱比你多，有什么关系吗？很可能你们还是面对着相同的挑战。此外，也要杜绝幸灾乐祸的心理，不以他人的不幸为乐，而对他人的好运则要真心为他们感到高兴。

• 采用"公平运动"守则及"十项公平原则"，目的是将更多更广泛的公平带进你的社区和社会中。你越是公平待人，人们就越可能公平地待你。

• 以对谈方式让新人融入你们的团体。"寻找共识"计划——将对立的马其顿斯拉夫人和阿尔巴尼亚人结合起来的那项计划，建议定期为新成员举行为期一天的对谈，资深成员在最后加入谈话，或举行客厅夜谈，让新、老成员共聚一堂一起对话。

给读书会和键结圈的学习指南

第一周　超个体：改变我们的人生意义

阅读功课：《念力的秘密2》的序、前言以及第一到第四章

这一周的课题要介绍的是键结的基本原则：宇宙最根本的原动力是合作与团结，而非竞争。《念力的秘密2》揭示宇宙万物在任何意义上都不是单独存在的"个体"，在我们

生活的各个层面，从生命的最小粒子到我们的人际关系与社群，都存在着键结——那是一种全面又深厚的连结，以至于某个事物的结束与另一个事物的开始之间不再有明显界限。

我们原本就是为了成为一个互相连结的巨大超个体，它赋予我们分享、关怀与公平的本性，而不是让我们竞争。从次原子微粒到单细胞生物，以至于最遥远星系的星球，一切都涵盖在这不可分割的键结之中。这一周，我们将探讨本书的基本要旨：

- 所有的生命是如何为结合而存在，而非为竞争
- 为什么真正重要的不是"物"本身，而是它们之间的空间

本周目标

改变我们的人生意义：了解所有生命的存在都是为了连结而非竞争，并且探讨我们存在的新意义将会如何改变我们跟其他人的互动，包括个人的人际关系与社群。

讨论主题

- 物理学研究显示，不存在所谓的个体，事物彼此之间都有连带关系。请讨论这个新发现的意义。

挑战：将世上万物理解为一个互相连结的大整体，这个想法会如何改变你的世界观，试着讨论。

- 探讨这个观念：我们是"由外而内"被创造出来的——我们的身体是在许多复杂的交互作用下，受到环境影响而被

创造出来的，因此身体不能被看作是独立存在的个体。

挑战：跟你父母相较之下，你跟环境的键结如何改变了你的身体和健康状况？

- 讨论这个观念：我们是"跨星系超个体"的一部分，我们的健康、心灵平衡，甚至可能还有许多我们认为是个人独有的行为或动机，其实在某种程度上是受到太阳活动的影响的。

挑战：这个理论会如何改变我们对人类动机和个人主义的看法？

- 我们现在知道，我们是透过镜像神经元在大脑中模拟整个经验过程来理解他人的行为，仿佛我们正经历相同的事情。

挑战：这样的认知，对我们认为思考是全然独立的过程这种观念有何影响？

- 个人主义与物竞天择的观念如何影响我们的社会结构？达尔文的理论如何渗透到我们的日常生活中？你在生活的哪个领域最强烈地感受到竞争？

挑战：你要如何改变社会结构，使其变得更具有合作精神？

第二周　出自本性的归属渴望

阅读功课：《念力的秘密2》第五、六、七章

人性具有根深蒂固的族群性，在我们所归属的小群体里，我们感到最自在。对于人类来说，跨越个人界限并与团体结合，这种需求是既根本又必要的，因此这种需求依然是

决定我们健康与否，甚至是决定我们生死的关键因素。

本周目标

探讨为何分享与关怀对于我们的健康至关重要，并想想有什么新方法能让我们在不只为自己说话、不只顾自己和不只替自己经营关系的前提下，达到个人的成功。

讨论主题

• 为什么独来独往的美国英雄人物是患心脏病的高风险者？

挑战：不是所有美国文化中的英雄角色都代表个人目标的奋战，其中还有许多角色彰显的是全人类之间最根本的连结力量，比如电影《风云人物》里詹姆斯·斯图尔特所饰演的乔治·贝利即为一例。你还可以想到其他例子吗？

• 为什么归属感对我们这么重要，而"过度个别化"会这么危险？

挑战：回想你过去感到落单或被排挤，或你的团体里某个成员被开除时的情形。为什么会发生那种事？它在身心上对你造成什么影响？你当时可以采取什么不同的做法，来促使团体更有凝聚力？

• 在家里或在工作场所，其他人的情绪对你造成了什么影响？

挑战：在这个礼拜中，请观察你在心情不好的人身边时，自己的心情和肢体语言会发生什么改变。如实记录下来，下周跟大家讨论。

• 社群是我们最好的解药,甚至在艰苦时期也是,有什么例子可以说明这一点?

挑战:这个月你可以参加哪些新团体?或更积极参与你已经加入的团体来强化关系?

• 大家都说自私是人类的天性,有哪些新证据可以显示事实恰好相反:我们的天性是分享、关怀和公平?

挑战:这个礼拜为某个人做某件善事或利他之举。观察你做这件事时,你的身体和情绪起了什么变化。

团体活动

拟定三个可以增进团体情谊,并使团体中的每个人都能接纳的方法。

第三周 公平原则

阅读功课:《念力的秘密2》第八章,加上"十项公平原则"及键结网站上的"公平运动"守则。

公平深植于我们每个人的心中,神经学家甚至在人类大脑中发现一个"抗议不公"的区域。这么看来,公平的观念似乎是一致的。绝大多数社会中的人及各种政治派别的公民,对于公平都有极为相似的看法。我们大多数人对公平的定义,是指付出会得到合理回报,而且每个人机会均等。何谓公平,人人了然于胸。

我们的生存,有赖于我们营造"赏罚分明"环境的能力,即我们因自己的努力获得应得的回报(或因犯错受到应得的惩罚），每个人也都被赋予同样的机会。一个社区或国家群体之所以会分崩离析，跟其缺乏互惠与公平性的功能脱不了关系。

如第八章所述，公平是一种能在任何社群中加强凝聚力的方法，而且重建公平绝非难事。科学研究显示，在任何社会中，若有一种文化因为太多人独占太多利益而导致分裂，其实只需要一小群人致力营造紧密的互惠关系，就能重建公平并创造一个具有高度凝聚力的社群。

本周目标
探讨如何在你们的社区、工作场所和国家里重建公平。

讨论主题
- 何谓公平？它跟齐头式的平等有什么不同？

挑战：根据你们对公平的定义，判断当地或国家现行的政策哪些是公平的，哪些是不公平的。你们希望怎么改变？

- 为什么公平在各个群体中如此重要，为什么它能让人们团结？

挑战：你能否看出你们社区里的哪些困难与问题，是跟公平与否有关？

- 在人民普遍感到不公平的国家里，它的社会结构会发生什么变化？

挑战：你自己国家的某些不公平政策如何导致富人与穷人皆受其害？

- 你觉得自己的生活中有什么是不公平的？

挑战：你可以靠什么方法成为一个扭转局势者，如何在你的工作场所或社区里推行公平的做法？

本周练习

学习"十项公平原则"，然后思考如何将它们应用在家庭、社区和职场上，用它们来强化社群关系，列出你能想到的应用方法。

第四周 从"我"到"我们"：小小的认知就能改变关系

阅读功课：《念力的秘密2》第九、十章

我们喜欢志同道合的人——有共同的价值观、立场、性格、甚至性情相仿的人——欲容易跟异于自己的人起冲突。这种亲近同类的倾向只会把我们跟其他人分开，加强我们的个体性，让我们自以为自己的处世方式是最好的。

一旦我们将自己视为更大整体中的一分子，就会开始以不同的态度对待他人。当我们能学会改变自己的观点，把自己当成是连结人与人的媒介，我们就能轻松发现更深层、始终存在着的键结，并在更大的人际关系定义下拥抱差异。

这周你将会学到一些待人处世的技巧，并运用这些技巧让自己成为一个打造纯粹情谊的工具，而不带任何批判或偏见。

本周目标

哪些交往技巧能让你跟任何人，甚至跟那些与你全然不合的人建立深刻的关系，请深入探讨这些技巧。另外，请练习以真心与坦率不隐瞒的态度，来拉近人我之间的关系并强化凝聚力。在这种深刻分享的过程中，整体的凝聚力自然会建立起互信的基础，并松解对坚定立场的执着。

讨论主题

• 西方世界鼓励个人主义，这种传统是如何妨碍我们看见另一种版本的现实？2004年南亚大海啸的生还者带给我们什么启示，教导我们要对自身的行动采取怎样更全面的观点？

挑战：思考你的某些行为如何影响你的社区。

• 讨论祖鲁人的传统问候语Sawubona（你好啊，我看见你了）的深刻含义。

挑战：分成两组，一方说："我们看见你了"，另一方则回答"是的，我们也看见你了。"同时，允诺你会尽其所能地让你的同伴有更好的发挥。这个练习，如何改变了你对这份关系的看法？

• 什么是"灵性视觉"？

挑战：回想你跟某人在某件事上产生激烈争执的经历。他或她所理解的事实是什么？你所理解的事实又是什么？哪里可以找到两方共通的真理？

• 探讨对话这件事，它跟一般的讨论有何不同，以及它如何解决马萨诸塞州剑桥市拥护选择权和拥护生命权人士之间的对立。

挑战：探讨你界定"真实"所依据的某些预设条件，这些条件有多少是根植于文化背景和信仰中的?

• 为什么深刻地分享在人际关系中有这么强大的力量? 它如何让我们懂得宽恕并重建情谊,就像第十章提到的那位前希特勒青年团成员和犹太人大屠杀幸存者之女的例子?

挑战:两两分成一组,练习深刻分享你真正在乎的事物。你对另一个人的感觉,产生了什么值得注意的现象?

本周练习

在你的团体里,针对一个有争议的主题(堕胎、枪支管制等等)进行对话。请牢记下列规则:

* 不要下结论或进行辩论。
* 每个人要轮流发言。
* 当有人说了你不同意的观点时,请留意你本身的反应。
* 全神贯注。
* 不要下评判。

第五周　拥有共同目标就能连结在一起

阅读功课:《念力的秘密2》第十一章

本周我们将透过强盗洞营地的实验,观察一个集体的大目标如何发挥它的力量,将你们的社区或办公室的气氛从"我对抗他们"转变成"大家携手同心"。我们也认识到,集体大目标能为任何社会重新注入活力,不管是在你的办公室或是在社区里，它能打造出一个紧密交织、充满合作精神的群体。共同活动也会刺激脑内啡的分泌，提高我们的疼痛阈值，提高个人效率，最终提升我们的成就。你也可以探究如何将你的社区转变成一个共有的储蓄银行，以这种合作方式来帮助个人渡过难关。

讨论主题

- 强盗洞营地的实验给了我们什么启示？

挑战：想出一个你们团体能在社区里追求的超然目标，用它来团结目前处于对立的人们。

- 超然目标为何能这么有效地把人们团结起来？

挑战：你有什么方法能扭转办公室气氛，从"我们对抗他们"转变为"大家携手同心"？

- 从南非橄榄球队和牛津划船队、智利矿工、泰霍尔特镇民建造社区供水管道的经验和叙利亚翻译员诺尔·哈吉的例子，你能学到什么诀窍来建设一个团结的社群？

挑战：你能否想出三个可以应用在你居住社区的集体活动，借由这个方式让你的社区更安全也更有活力，同时拉近邻居间的距离？

- 冲绳的日本人喜欢透过"模合"的民间互助方式来处理资金，结合一群相互信任的朋友或邻居组成储蓄银行。我们如何套用这个想法应用在我们的社区？

挑战：想出三个方案来创立一间社区储蓄银行，以便协助彼此渡过难关。这家银行不一定要保管钱，邻居们可以通过扫落叶、修篱笆，甚至以物易物来帮助彼此，用交换劳务或物品来代替金钱。

本周练习

大家一起拟定一个可以在社区执行的计划，前提是：要让不同宗教信仰、文化背景和政治派别的人都能对这件事抱持热忱。设置一个委员会来推动这项计划，等到计划有了初步基础后，再组成另一个委员会，负责邀请各种不同信仰或文化背景的人加入。你要观察的是，大家一起为共同目标努力能否拉近你们之间的距离。

第六周　慷慨与公平：全球局势的扭转者

阅读功课：《念力的秘密2》第十二章

这周是探讨如何让你的团体或集会里的每个人都能成为"精神公民"，并将你们的人生目标从"独善其身"转变为"兼济天下"。这门课会探讨我们每个人如何透过"做些什么"这种小小的举动，成为一个强有力的行动改革者，并深入探讨慷慨之举如何改变一家企业或一个社区。简单、平常的慷慨行为，就能让你拥有改革的动力源，一劳永逸地改变你周围贪婪和物质主义的文化习气。

本周目标

探讨"慷慨"是如何借由充满感染力的力量在你们的社

区或工作场所建立深入内心的信任感的。

讨论主题

• 梅塔从一个年薪六位数的典型硅谷野心家，转变成一个经营国际性"慈善焦点"的全球局势扭转者，他的经历带给我们最重要的启示是什么？

挑战：想要在你日常生活中成为一个行动改革者，最重要的途径是什么？

• 我们每个人如何能在社区或办公室里发起奉献和合作行为的连锁效应？

挑战：想出几个运用慷慨的方式在你们社区建立深入内心的信任感。

• 说说为什么一个小小的善举——留一点零钱在饮料贩卖机里——能在一个大企业里兴起慷慨无私的风气，并影响整个社群。当一个自私自利的文化环境里出现几个重建慷慨与互惠的行动改革者时，会发生什么事？

挑战：设计几个你做得到的活动，来发起改革的连锁效应。

• 如何利用员工持股的合伙企业的成功经验，比如连锁百货公司约翰路易斯合伙公司，来推动社区团结？

挑战：你能否把你目前正在进行的计划，重新规划成一个不是一人独揽职权的合伙计划？

本周练习

为你的社区或工作场所计划出三个"把爱传出去"的明

确活动，以此发起奉献和合作行为的连锁效应。将结果汇报给你的社团。

第七周　从此地到全球
阅读功课：《念力的秘密2》第八、十一及十二章

在这最后一周，我们将探讨如何让全球从老旧的零和（你输我赢）模式，转换到键结的六项原则（"我的胜利是众人的胜利"）。我们也会了解超然目标的力量，通过超然目标的设计来跟世界各地的其他团体建立关系并共同成长。这周的课程也会着重于纳什均衡（什么对我和团体是最好的），用此原则来拟定目标，帮助我们与不同文化或信仰的人团结起来。

数学家约翰·纳什的故事可以当作范例，也就是电影《美丽境界》描述的主角（参见本书第八章），他领悟到亚当·斯密"人各为己"的模式是错误的。他说，当团体中的每个人都为自己及团体做最大的努力时，就会得到最好的结果。

本周目标
从排他模式（我赢你输、我们对抗他们）转换成相容模式（"我的胜利是众人的胜利"、我们联合他们），探讨这样的转换如何为关系的连结提供一个强有力的方法，并将这些想法传播给更广大的社群。

"我赢你输"模式

- 人生是一场零和博弈（你输，我才会赢）。
- 我能从中获得什么？
- 我一定要赢、占上风或拔得头筹才能满足自我。
- 人不为己，天诛地灭，我顾好自己就好。
- 我们是我们，他们是他们。
- 我追求第一，对社会的贡献最大。

键结模式

- 只有当你我双赢的时候，我才算赢。
- 跟其他人同舟共济时我最能感到满足，不管付出什么代价。
- 我能为你做什么？
- 我们所有人同在一条船上，祸福与共。
- 我们联合他们。
- 我们为自己，同时也为群体的其他人寻求利益，对社会的贡献最大。

讨论主题

- 讨论《美丽境界》这部电影的酒吧那一幕，在本书第九章有详细介绍，那一幕的剧情，让纳什领悟到当一个人不只顾自己也兼顾他人时，所采取的行动才是最好的行动。

挑战：有哪些方法可以将这个想法应用在你的工作场所

或社区?

- 对于我们现行的竞争模式("你输我赢"),纳什均衡与其他赛局理论给了我们什么启示?

挑战:在你的生活和社区里,有哪个领域的现况是"人各为己"?试着讨论,然后重新设计成"人人为己也为群体"的模式。采取这个措施后,得到了什么效果?

- 天马行空地想像一下:如果许多企业一起合作而非竞争对抗,会是怎样的局面?

挑战:讨论如何将这些想法融入你的工作场所或社群组织里。

- 讨论上面所列的新旧模式,这些模式是否出现在我们的社区、企业或政治体系里?出现在哪些方面?

挑战:能否在你所属的社群里设计一些新点子,将键结模式"我们联合他们"的观念融入日常生活中去?

- 这个新模式可以如何运用在政治上,借此改善社会的各个层面?

挑战:描述"我们联合他们"这个模式如何整合不同政治派别的人。

本周练习

设计一个"我们联合他们"的超然目标,纳入你们社区的需求,然后再纳入其他几个不同社区的需求。开始拟出一套可以付诸实行的计划,并持续将你的进度汇报给社团。

本章摘要

建立键结圈的方法

1. 拿到这本书。
2. 从键结网站下载"公平运动"和"十项公平原则"。
3. 在部分地点进行宣传。
4. 将聚会的人数控制在合理范围之内,以便管理。
5. 挑选公共场所作为聚会的地点。
6. 如果家务不会让你分身乏术的话,尽量安排每周聚会一次。
7. 根据"每周学习指南",建立一份架构分明的议程表。
8. 透过键结网站与其他的键结圈交流。

团体目标

- 从你社区团结的宗旨开始着手
- 做决定时,要考虑它对社区或环境的整体冲击
- 制作一份清单,详列团体的资源和需求
- 邀请其他团体一起探讨如何加强键结的方法
- 每周拨出团体的部分时间从事改善社区的工作
- 审视你自己真正的需求
- 全体成员宣誓拒绝个人炫富行为

- 宣誓避免跟同社区的人竞争
- 采用"公平运动"守则及"十项公平原则"
- 以对谈的方式让新人融入你们的团体